人、エコロジー、
AIの融合から生まれる
未来社会

共生の経営マインド

野澤宗二郎［著］

日本地域社会研究所

コミュニティ・ブックス

はじめに

渡り鳥の中で、移動飛距離ナンバーワンといわれているキョクアジサシは、一年間に8万キロ以上も飛行するという。北極から南極まで、あの小さな体でよくも飛行できるものだと、純粋な気持ちで感心させられる。また、鳥には、人にはできない空を飛ぶ能力を備えているだけではなく、その他にも予想外の能力を具備している事実を教えられることになる。それにしても、何万キロもの長距離を間違わずに飛行できる超能力をどのようにして獲得できたのか。風の利用や独自のナビゲーション能力、地磁気センサーで磁場を捉える能力などで対応しているのでは、といわれている。鳥も樹木も人にはない想像以上の能力を備え、独自の世界を築いていることに何とも興味深く、かつ認識を改めさせられる。ヒトだけが、地球上で特別に優れた存在ではないことが、知れば知るほど明らかになってくる。自然の作用に最大限、順応し活動する能力は、むしろ、鳥や動物そして植物などのほうが純粋で優れていることを知ることにより、これまで以上に関心が深まり、さらにその現況を意欲的に見守る重要性を一層、目覚めさせてくれる。

また、生物は、自然原理や物理法則に則って進化しているとなると、どんな生き物にも、これまでにない新鮮な感覚と特性を有していることを、いまさらながら深く思い知らせてくれる。

しかも、自然に調和するしか生き残る術がないことを熟知し、生存競争に対応し進化している、賢い生き方を見習いたくなる。しかしながら、人間社会は、科学技術という伝家の宝刀まで手に入れたがために、その実績を過信し暴走する性癖が絶えず露出し、結果的に自然のサイクルまでも狂わす行動パターンを、繰り返してきた。その付けが至る所で噴出し反省の機運が高まってはいるが、一度経験した便利さを後戻りさせることは耐えがたく、かけ声どおりに対策を進めることは、容易ではない状況から抜け出せず、むしろ深みにはまりつつある状況が見えてくる。しかも、人の社会は活動範囲が広すぎ、かつ複雑であることに加え、人口規模の増大に伴う限りない欲望拡大の連鎖から、生産活動を極限まで膨張させることで対処してきた。この自己本位の馴れ合いこそが、現実の重大さの深淵に悩まされている根源と考えられる。

言ってみれば、困難を抱え込まざるを得ない環境づくりに明け暮れし、その成果の大きさを誇示し、過信してきた。そのギャップの大きさと深刻さに、唖然とさせられている状態といえるだろう。それだけに、ここでは、自然環境問題は永遠の課題であると同時に、経済活動が資本主義体制から当面、切り離すことが困難であることを踏まえ、焦点をマネジメントに関する課題を主体的に取り上げ、並行して関連事項を随時、織り込むパターンで内容を組み立ててみた。しかも、個人的な感覚として、流動的要素が強い従来の経営原則論を忠実に語るよりも、できる限り高角度で流動的視点から、各種の問題点に可能な限り物語風にまとめることを心がけ、しかも、注目を集めている話題や今後の展開に関係する視点を主体的に取り上げ述べてみた。さらに、先進的な複雑性指向的な切り口を組み合わせることで、判断領域と思考領域を可能な限り拡大し、そこに新たな論点と願望などを織り込み、今後の視点に幅をもたせることを試みてみた。また、国際的にも経済活動分野に関して数理系の著者による発言が増加していることから、従来の主観的判断に頼らず客観的知見を取り込むため、数学や物理、そして生物学など他分野の動向にも可能な限り注視し、加えて、判断基準を少しでも高める意識と自由な論点を見失わないよう心がけ、かつ、人それぞれの違いの尊重と多くの意見を咀嚼できる努力と継続性の積み上げにより、同じような問題意識を抱えている人々との接点ができればと考え、課題提起の形も考慮に入れながらまとめたつもりである。

なかでも、どんな組織体でも、何らかの方向性と役割を必ず有しており、その関係性を共生の経営として周知させ、よりよい将来像を探る必要性が問われていること、その重要な焦点を「人」にフォーカスし、経営活動に携わる関係者全員の能力を信じ、全員参画の経営体制を推進することの重要性を、繰り返し取り上げ、今後の企業経営展開への橋頭堡（きょうとうほ）にしたい思いを問いかけてみた。人的テーマこそ、古くて新しい課題であり続けており、かつデリケートで扱いにくい課題でもある。しかし、ここまで時代が進み、モバイル機器の普及が後押しし、個の人格の多様化と誘発を可能にしたことで、伝統的で既得権的対応だけでは済まされなくなってきた事態が表面化し、解決策と取り組まざるを得なくなった事態の変化や必要性について、愚直に何回も取り上げた。

さらに、自然環境との調和こそ必須の課題であり、かつ地球の住人としての役割と他の動植物や生物との関わりの重要性、エネルギー問題なども、共生の観点から避けて通れなくなっている。そこに、科学技術の発展とイノベーションに伴う人工知能問題が追い打ちをかけ、既成の論点に対する閉塞感の打破に、期待が膨らんでいる点など、将来の方向性として触れてみた。

　一方で、新たな競争を乗り切るためには、既存の成果を守り抜くだけでは済まされず、時代の要請を先取りする姿勢と方向転換により、現実の環境を乗り切る体制を整えておく必要性が求められている。そこには、足元の人材活用こそ重要課題として再認識し、これまで以上に個々の能力の差別化ではなく、最大限に活用することこそが将来につながる、最善策であることを繰り返し述べ、避けられないテーマとして随所に触れている。それこそ共生の経営の神髄といえるだろう。さらに、今後の企業組織の運営には、言うまでもなく人こそ最大の資産であることの前提を死守し、人的資源を有効活用する筋道を、とことん追求していく姿勢が欠かせない。そのうえで、人工知能ロボットとの融合プラン作りには英知を集め、先手必勝の対応策を用意しなければならない。なぜなら、ＡＩの流れは、技術革新の推進に伴う必然的要件であり、累積的成果はさらにスピードアップされていく。その活用次第で、これまでの経験が通用しない競争環境に突入し、進捗状況によっては、ブラックボックスに入り込んでしまう危険性が無視できなくなるだろう。そこで、改めて人間こそがキーポイントであることをきちんと掌握し、全体的な関係性の推進に備えることで、無駄な神経を使わずに万全な体制を維持できると考えたい。仮にも、映画の世界のように、遠い将来、人と人工ロボットとの関係が逆転し、隷属化現象が起きるようなことは、受け入れがたいことであるけれど、全面否定できない流れも無視してはならない。

ただし、新たな視点として、人の能力には限界と進化は無制限であることの可能性を信じ、当事者全員が独自の能力を開示できる環境づくりを、急がなくてはならない。そんな可能性が、ＡＩ化社会の到来により、むしろ光が見えてきたからでもある。人が人を生かす社会、そんなことはいまさらながらと反発されそうだけれど、それこそ、本来的で理想的姿に立ち返ることを意味している。誰にも、機会均等の機会が与えられているはずなのに、現実は大きなギャップが生まれていることへの警鐘でもある。また、高性能のハイテク化に伴う社会構造の転換こそ、常に問題視されてきた平等化を取り戻す絶好のチャンスでもあると理解したい。

本書では、そんな思いで、人を生かす組織形態ないしは社会形態実現に関して、いくつかの側面から関連する課題をランダムに取り上げてみた。そこには、「信頼と誠意」と切っても切れない自然環境との調和なくして解決しえない多くの諸課題や、他の動植物との理想的共存関係などについて、また、同時並行的にＡＩ化がもたらす経営環境変化などについても、推測的観点も含めた方向性について述べてみた。

目次

目次

1　成熟しすぎた資本主義

　日々の生活に欠くことのできない必需品でさえ、購入する際、意識的に産地をチェックしてみると、想像以上にさまざまな国からの輸入品である実態が視覚に飛び込み、もはや国産品を崇拝する気持ちは時代遅れであることが、実感としてひしひしと伝わってくる。文字どおり、食料品の多くが輸入に頼らざるを得ない国内の生産形態をいみじくも反映している姿であり、もはやどのようにあがいてみても防ぎようのない地球上共通の現象となり、目の前にどんと突き付けられ取り込まれている姿に、唖然とさせられ教えられることが多い。誰もが良い品を安く手に入れたい認識は万国共通のものであり、そのニーズを身近にかなえてくれる手立てとして、もしくは、経済活動の仕組みが流動的変化の主役となり、まさに、地球規模による大波が押し寄せ動いている、時代の要請、もしくは流れなのだと認識するしか、もはや相応できそうな答えを見つけ出す術はなさそうだ。

　そのことは、端的には、積み上げられてきた技術革新と商品開発競争が生み出し、企業活動を主体にした累積的な成果と止めどのない欲望の積み重ねが、人類を進化させてきた根源になっている皮肉さが、そこはかと垣間見えてくる。同時に、地球上に各種のネットワーク網を浸透させせ、輸送手段の高度化とともにビジネス活動を活発にし、採算が取れそうだと判断が下ると地球の果てまでも手を伸ばし、新規商品が遠慮会釈もなく繰り返し出回ってくる。それだけに、このような自由競争を奨励し謳歌する動きを止めることなど、地球上に起こる天変地異による大飢饉や全面戦争、もしくは、新型のウイルスの強烈な攻撃でも勃発しない限り、もはや模範的解決策を見つけ出す可能性など限定されてしまう。

ほんの少し前までは、ほとんどの製品が国産品であることが当たり前のことであり、そのことに何ら不自然だとも考えず、満足し受け入れてきた意識が、通用しなくなっている現実は、確実に時代が変わり国際的取引の大波を受け止め、むしろ、有効活用することこそ生き残るためのパターンとして変化し認知されている。かつ、大きな価値を生み出す循環システムとして形成され、当たり前のことのように組み込まれ、次善の経済行為として浸透しているからだろう。しゃにむに、時代のニーズを先取る新製品であれ、もしくはユニークで満足度の高い商品であれば、ユーザーは、どこの国の製品であるのかを問わない時代に突入していることを、いみじくも明示的に教えてくれている。個々に感じる思惑の違いはともかく、この多様なスタンスこそ、好意的に受け止めれば、人類が作り出した大きな遺産であることに、異論をはさむ余地など端的には見当たりそうにない。

もちろん、陸続きの国々では、古代から国境をまたぎ、相互交易が自然な形で取り入れられ、なんら疑問を感ずることもなく日常的な姿で受け入れられてきたスタンスから、さらに現代のような国境を意識することなくエンドレスのつながりに形を変え、世界的なネットワーク化へと着実に波及してきたことが、何よりの証といえるだろう。もしくは、科学技術の発展と人的増加により良い品を求めたい欲求が、市場の流動化と競争関係を波状的に増幅させ、並行的に新たな生活スタイルを次々と生み出し、休むことを知らぬかのようにイノベーション主義を振りかざしてきた成果でもある。もちろん、現実は、負の遺産とも考えられる企業優先の反動的で巧妙な手法のねつ造などのデメリットも否定しがたく、そのため、お人好しのユーザーは一方的に引きずり込まれ、不愉快な思いを体験させられる機会のほうが多かった苦い経緯も忘れることはできないだろう。

言葉を換えれば、リードする側の強者の論理が、受け手側である弱者との利害関係は相反する者同士が土俵に上がり勝負してみても、勝敗が一方的に終わってしまうのは明らかであり、その循環スタイルこそ、長いものには巻かれる式に長い間、時間をかけ、社会の隅々にまで浸透させてきた原点になっている。もしくは、人間心理の隙間を巧みに取り込む、ビジネス手法の巧妙さともいえるだろう。ともかく、長い間続いてきた、競争社会特有の現象であり、持てる者と持たざる者との間の埋めることのできない駆け引きに付随する、暗黙の抗しがたい溝として容認されてきた。あるいは、意外にも、これこそがビジネス行為に伴う壁として辛くも容認され、無意識の意識として存続しているゆえんとも考えられる。

その主役は、いうまでもなく国策による国益優先という錦の御旗的耳触りのよいメッセージと、経済成長なくして国の繁栄は考えられないとする、いわゆる企業中心にした経済活動を支える独占的な推進力の登場なくしては、考えることはできない。このオーソドックスな経済思想こそ、一括りにして端的表現が許されるならば、今日の経済競争をリードし謳歌している「資本主義経済体制」そのものと、解釈することが可能だろう。表面的には、言葉を換えて表現すると、作り手と使い手の存在があってこそ社会的システムが機能する、真に合理的で有機的なスタイルなのだと、理解することができるにしても、現実はそんなきれいごとでは片づけられない、ドロドロとしたものを巻き込んだビジネスモデルとして、エンドレスに先行し磨かれ機能している。

しかし、すべての事態が一方的に進行するわけではなく、いくら時代が進んでも、健康志向や日常生活を送るためには、栄養価の高い安全な食料品を求める意識は将来とも変わるものではない。たとえば、野菜や肉魚などの生鮮食品は、身近な地産地消のものが好まれることは否定しがたい現実であり、そのことを頭ごなしに非難することなどできるはずもない。仮に便利さや華やかさが先行したとしても、繰り返される日常生活の根源となる認識とは、常識的に判断して化学肥料や農薬などに汚染された食品よりも、自然農法や有機栽培により生産された野菜のほうが、食品本来の栄養価も高く味わいもあり、何よりも大事な健康被害が少なく、当然のように安心感という大事な心理的満足感も満たしてくれる、と捉えるのが健全な認識であることは、常識論としても何ら矛盾しないからである。

それでも、人は、進化の過程でそんなＤＮＡに織り込まれているはずの価値観も置き去りにし、新たな免疫細胞を獲得するために、目前の加工された健康食品を確保しようと日々努力を続けていく、矛盾と脆弱さも内在させている。しかし、それは結果的に極めて困難な選択肢であることは明らかであり、まして奨励されるはずもない。なぜなら、人間だけが今後、科学技術を発展させ、生命維持のために特殊な免疫システムと栄養補給を可能にすることは部分的には可能だとしても、本来あるべき自然回帰への生き方を尊重する方策こそ、いつの時代にもあるべき姿であり本筋であるだけに、安直に捨て去れないことから、逃げ出せない事実として理解できる。むしろ、心に強く植えつけることの重要性は、これから事態がどのように推移しようとも、生命の本質に関わる、不変の要素としてとらえられるだろう。

その点は、後の章でさらに掘り下げるとして、ともかく、今日に至る資本主義体制は、人だけが動物の中では希少で異形と受け止められている、特殊な進化の道を歩んできた。それがため、無意識的にときに不遜になり、そのうえ、自然環境汚染や動植物に対する傍若無人な行為を繰り広げ、虐待行為や取り返しのつかないほどの重大な禍根や爪痕を残してしまったのは、残念でたまらない。こんな発言は、誰もがほとんど無意識的に、しかもことあるごとに聞かされ悩まされてきたセリフでもある。それでも、人類だけが言葉による高度な意思疎通を可能にし、崇高なコミュニティーを形成し、さらに便利な道具を開発して多様な生産物を生み出し、品物は物々交換により取引を拡大し輸送手段までも開発し、やがて地球の隅々まで自由に往来できるという、離れ業にまでつなげてしまった。極めつけは、火を使い料理し食べることの工夫から、言語と高度な「知能」と「文化」等々まで編み出してしまったことなどから、端的に表現すれば、ほかの生物より、際立った存在であることは間違いない現実として、蓄積され累々と横たわっている多面的で夥しい実態がある。しかし、その独走こそが、慢心と過剰意識となり過ちを繰り返し、傷口を拡大してきた歴史的経緯を覆い隠すことなど、不可能な状況へと追い込む要因を作り出してしまった。

つまり、人類が積み上げてきた成果は、当事者として一方的に誇れることであったとしても、他の動植物にとっては、これまでの経緯を紐解いてみても重大な軋轢と被害を及ぼし、そのうえ、自己利益優先的意識こそマイナス要素であることは、否定し難い実態として積み上げられている。たとえば、身近に受け止めることのできる、絶滅危惧種の増加に見られる動植物等の厳しい環境状況変化等から、多くの反省点が浮かび上がってくる。もちろん、地球自体の変動要因に左右されてきた事態はともかく、その他多くの要因が人災により引き起こされている、数えきれないほどの事例を知るにつけ、人による優位性とは何かを問われたとき、途端に返答に窮してしまうのが、偽らざる心境ではないだろうか。物を言わない相手を無視して、優越感を誇示したところで何の意味があるだろうか。まず生き残るためには、仕方がなかったという自己本位の方便が、残念なことに当たり前のように絶えることなく聞こえてくる。

すべての動植物は、ざっくり表現すると、等しく存在理由が認められ、この世に誕生してきている。この大前提こそ何ものにも侵されることなく、厳然として持続されなければならない鉄則でもある。むしろ、無限ともいえる物質や生命（生命も物質であるとの説もある）が存在することと自体が、地球を形作っている歴然たる事実である以上、言葉を発し、文字を通じ、ものづくりを可能にさせ、科学技術を発展させてきた新参者の人類だけが、当たり前のようにもろもろの資源を勝手に独占することなど、とうてい許されず侮れない実態なのだと、深く脳裏に受け止めておく責務を忘れることはできない。空気も水も土壌も、そして動くことの少ない樹木などの存在がなければ、動植物は基本的に生存していないはずなのに、独自の存在理由と弱い立場に立たされている相手を軽んじ、目をそらす独善的行為は許されない現実が、ひたひたと目の前に迫ってきている。

また、地球上で無限大ともいえる細菌・微生物の存在と必然的な役割、そして脅威などを軽視することなど、非常識そのものであり、時折、新たなウイルスの攻撃に悩まされて愕然とさせられる。折も折、新型コロナウイルスの脅威が、そのことを如実に教えてくれている。むしろ、冷静に考えてみれば、人類の存在こそ小さな塊でしかないことを強く認識し、自然に対する恐れと畏怖の念を素直に表現し、これまでの不見識さを改め、遅ればせでも本来の姿に戻す行動を力強く進めたいものだ。

問題は、これまでのようにライバル不在で、人類のみ一強の存在が許されている限り、この不均衡現象を解決する見通しなど、歴史的認識論に照らし判断してみても、言葉による安直な評論的見通しだけで解決できるものではない困難さが、脳裏を空しく去来するのが落ちではないだろうか。かりに一時的、もしくは制約的均衡が図られたとしても、強烈な新たなライバルでも現われない限り長続きが困難であることは、これまでの行動や思考パターンから推測してみて、強い危惧の念を禁じ得ない。つまり、多様なライバルの存在と共存し、その結果として、並行する「動的均衡作用」が強く働かない限り、目に見える成果は残せない虚しさが透けて見えてくる。その点で、動くことのできる生物は、行動範囲を広げられる長所をもつ反面、厳しい敵対関係に直面する機会が多くなるという短所が、常時つきまとう宿命から逃れる手段は見当たらない。これらの宿命を乗り越え進化できた種だけが、生き残ることができる原則として厳しく立ちはだかるのは、避けられない実態として、とりあえず、意識の中に深く強く留め行動に移したい。しかし、多くの歴史的推移から判断して、一強というパターンは、どんな分野に関しても、何かにつけ歪みを生じやすい不安定要素を内蔵しており、簡単に修正できない始末の悪い要件であることは、これまでの史的事実が手本となり、明確なパターンとして教えてくれている。

もちろん、振り返ってみれば、ライバル不在のために生じた短所ばかりではなく、人類も、食うか食われるか、あるいは生きるか死ぬか、そんな恐怖を乗り越え生命を持続させてきた生物としての宿命を背景にし、厳しい現実に真正面から向き合いつつ、そして、新たなライフスタイルを膨大な時間とエネルギーを費やし、かつ、目前の未熟な経験を反面教師として積み上げてきた財産こそが、今日にまで歩むことができた紛れもない姿といえるだろう。つまり、これらの事実をどのように脚色し、好意的に受け止め、大声で訴えてみたところで、人類は地球の構成員である枠組みから抜け出すことなど、永遠に不可能であるという現実を素直に受け入れなければならない。だからこそ、同時に他の動植物との共存共栄のパターンづくりを、謙虚にして速やかに推し進める前向きで成熟した姿勢に転ずる大事なときを迎えていることは、もはや否定できるものではない。そしてまた、人は皆、それぞれに考えることや受け止め方に違いがあることを尊重する必然性と、だからこそ多様な意見や行動を肯定し、その中から最善の方向性や解決策を見出す努力こそ、現在に生きる人類の緊急の役割と使命であることに、異論をはさむ余地など、もはや見いだせない状況を、冷静に受け止めたい。

少し横道にそれた流れを元に戻して「資本主義体制」について考えてみたい。人は、当初は、基本的に食べ物を確保するのに、自然の恵みを食物連鎖の形で細々と確保する方法から、やがては、自家栽培による取得手段を通して学習し補ってきた。その延長線上に相互に物と物とを交換することで、各自が足りないものを補完し合うことを次第に覚えてきた。さらには、人口増加と得意とするものづくりと生産物の余剰分を売買することで収入を増やし、やがて、需要と供給の均衡化などの考え方から、ビジネス活動へと順次拡大し成長してきた歴史がある。その結果、資金に余裕がある者同士が出資し合い組織化し、拡大生産活動の輪が広がってきた。つまり、市場から資金を募り、さらに金融業者等からの運転資金を借り入れ規模の拡大に努め、現在に至る組織的な会社形態を考案し、多くの分野の経済活動を活性化してきた典型的ケースがベースになり、現代へと順次進化してきた、貴重な歴史認識が横たわっている。

つまり、企業経営の原則とは、時代の流れの中で消費者が求めている以上の商品を生産して供給し、売り上げと利益を確保し、事業存続と経営を推進することに努めてきた。そこには、必然的に特有のライバルが現われ、他の生物社会と同じように生存競争が展開され、それを乗り越えた者だけが勝ち残る、避けることのできないバトル競争の仕組みが待ち受け常在していた。その総称的仕組みが、資本主義経済体制と呼ばれるようになり、本格的には産業革命以降に確立されたとする説が、有力視されている。それを支える代表的な形態が会社組織であり、時代のニーズに合わせ、生産体制が機械化されるのに伴い、生産規模の拡大と産業振興の呼びかけに呼応し、主として欧米企業を中心に成長進展と、順次世界的に普及し、今日的な爆発的規模へのプロセスと発展史がある。

この資本主義経済体制こそ、次第に独占資本による大量生産と大量販売システムを増幅させ大量輸送体制が後押しし、巨大企業の誕生による生産規模の拡大を競い、同時に、消費者意識まで大きく転換させた、張本人といえるだろう。その底流には、技術革新が生産体制の機械化を進捗させ、消費者の欲望を巧みに煽り立て、結果的に、作り手である生産者有利の体制を維持してきた流れがある。それでも、人類の歴史の中で、これだけ社会全体の意識改革を刺激し促す環境を生み出したエポックメーキングなケースは、他の世代には見当たらない特質的現象といえよう。ただ、ロバート・ゴードンは、人類最大の変革は１８７０年代を特別な世紀と呼び、電気やエンジンの発明のおかげで生活水準と生産性が劇的に上がったことがその理由だと、主張している。ともあれ、着眼点の違いはあるものの、何よりも人類の生活体系を大転換させ、世界経済全体を大爆発へと導いた改革と進化のスピードアップの歴史が、現実の代表的生産形態をここまで機能向上させてきた何よりの証拠であるだけに、歴史的成果として認めざるを得ない大変革であったことに、異論を挟む余地は見出せない。

ただし、その根源には、推進役である企業管理体制のレベルアップと、次々と参入してくる競争相手の動向、技術革新の波など一時も停滞が許されない、いわゆる、競争と進化の継続性の歴史なくして語れるものではない。それだけに、企業とは、少しでも良い商品を提供し、その見返りに正しい利益を追求することが本来の目的と役割であることは、誰もが常識論的に認識していても、成功体験が重なるにつれ、むしろ欲望意識が膨張し、ついつい、かの有名なシーザーではないが、禁断の「ルビコン川」を渡る事態が多発してしまった。もちろん、その間、経営管理体制の高度化と事業規模の拡大、同時に利益至上主義が際限なく続き、環境汚染や自然被害を引き起こすような事態にまで悪化させ、社会問題化し糾弾され始めて目が覚めるという、多くの残念なケースにつながっている。もちろん、成功だけではなく失敗事例も数え切れないほどあるのだから、甘い現実ばかりではなかったことも正しく認識し理解しておく、史的蓋然性を見落とすことはできない。

資本主義経済は、基本的に自由競争の社会であるだけに、儲かりそうな分野にはライバルが、無言で無造作に押しかけてくる。すると、競争関係を乗り越えることができた組織体だけが生き残れる原理原則が、厳然と待ち受けているため、絶えず、手段を択ばない競争者が現われても何ら不思議ではない。経済活動が活発化すると、それまでの枠組みが膨らみ市場も拡大する分、供給される商品も増加し、同時に競争関係も増幅するサイクルに、反抗できないシステムで成り立っている。むしろ、この競争関係こそが起爆剤になり、イノベーションのスピードも加速され、ビジネス活動全体が底上げされ活発になることでシステム的に洗練され、日常生活のレベルアップを促進させてきた。同時に、近代化の推進は次々と技術革新をもたらし、新たな進化を生み出してきたこれらの持続的サイクルこそ、資本主義体制を支えてきた根本要因として、高く評価されなければならない。

　同時に、そこには必然的に引き起こされる過剰生産や資源の無駄遣い、環境悪化や水質汚染と森林伐採、土壌汚染や動植物への悪影響など、もろもろの負のサイクルを次々と派生させてしまい、容認される限界を逸脱する事態を招き深刻化を増幅させてしまった。ただし、生産活動にパーフェクトな条件を求めること自体、極めて困難で未知の課題を内包していることを多くの人が認識し、実態との板挟みに悩まされてきた。それだけに、改善策は永遠の課題として持続され、むしろ繰り返されるプロセスを経て進化し、健全な方向性を探る展開へと、徐々に舵を切ってきたともいえるだろう。同時に、技術革新が産み落とす功罪と表裏一体の関係にあり、かつ多くの事態が未体験であることから、被害の増大につながった点も見落とすことはできない。

　しかし、これらの流れが、資本主義体制への悪評を生み出した根源になっていることは残念ではあるけれど、その分、パラダイムの転換と呼ばれるほどの大きな飛躍を乗り越えてきた事実も見逃せない。大組織を管理したい、大資産家になりたい、有名になりたいなどと、少し野心のある人であれば、常に頭に浮かぶ無上の願望であり続けるだろう。そんな意識が、社会生活に大きな影響を及ぼしリードしてきた側面は、成長意欲を刺激する要因として、誰にも無下には否定できない現実の縮図を思い出させてくれる。もちろん、その累積的積み上げから、自然環境や動植物への循環的悪影響を生み出してしまった、悪しき事実に目をつむることは、もはや許されない。また、現実の社会構造から抜け出すのは容易でないことは十分承知の上で、転換への舵を切る勇気が求められている現状から、逃避する選択肢はもはや視界に入ってこない。

逆説的には、人から欲望や成長意欲を否定してしまったら、無味乾燥な日常生活を繰り返すことになり、その分、攻撃的で陰湿な争いごとに明け暮れることになるだろう。しかも、人類がここまで進化を積み重ねてきた貴重な成果にも、陰りが出ることにもなりかねない難しさも秘めている。そのうえ、70億人を超え、やがて100億人にも達することが予測されている世界の人口を支えるため、新たな方向性と具体策を頓挫させないためには、これまで以上に持続的発展に配慮した取り組みと科学的根拠に基づく筋道を、困難であっても勇気をもって切り開くしか、解決策は簡単には見当たりそうにない。

それこそ至難の業であることは自明であっても、年ごとに激しさを増している自然現象の猛威や、酷暑や冷害などの現象が後退することなど考えられないだけに、科学技術の躍進や自然環境保護政策を優先する経済活動への取り組みに、国際的枠組みによる規制強化を通じて、全力で前向きに対処するしか明るい未来は開けてこない。それ以外にも、宇宙空間もしくは月など別の惑星に移住する試みや新たな資源活用などのプランは、言葉で言うほど簡単にはいかず、実効性も未知数であり、かなりの時間と開発コスト、そして莫大な各種エネルギーが必要になる。それでも大国の威信をかけた先陣競争と熾烈な開発競争が、一層火花を散らす構図を阻止できない実態がある。しかも、自国本位の政策展開は、政治活動の生命線を握っているだけに始末が悪い。しかし、そんな政治的悪弊に関する民意による批判が強まっている昨今の潮流を、闇雲に無視できない現実に期待を寄せるのも、選択肢の一つとしてまんざら捨てたものではない。

貪欲な人間にとって、地球上の形になるものすべてが、何らかのビジネスチャンスの芽を有していると､捕捉できるだろう。それだけに､新たな商品の開発意欲が旺盛な人やクリエーターには、潜在性の大きさにたまらない魅力と受け止めることができるだろう。その点から見て、資本主義とは､無限ともいえる可能性とチャレンジ精神に明かりを灯した世紀でもあったのだ。新製品に対するニーズや生活の便利さ・近代化の波が、新たな産業や仕事を生み出し、働く環境を絶え間なく塗り替えてきた。その一方で、企業間の競争が激しくなり、生産性向上のためにはなりふり構わない成長戦略が、際限なく採用されてきた。大量生産のための企業間の協力体制、M&Aによる事業の統一、莫大な資金投下、あるいは、地域分散など消費拡大に備えた駆け引きが繰り広げられ、組織体の管理体制強化に必死で取り組んできた。働く側も労働強化に対抗すべく、ストライキによる労働条件の改善と要求を掲げ、また、業種の拡大や担当業務の変化につれて専門性を強め、そのことが産業活動を活発にして労働環境全体を盛り上げてきた。

また、人事制度の整備や産業構造の変化、消費需要の拡大と資源確保と輸出入体制の強化など、拡大に次ぐ拡大が、瞬く間に環境汚染など多くの課題を発生させ、公害の垂れ流しや自然破壊など、未知な領域にまたがる被害に対処するため、後追いの困難な対策に悩まされ続けてきた苦い経験がある。その間、人的被害や環境汚染など多くの人が公害に悩まされ、その都度、多くのことを学び、時代性に伴うストーリーが繰り広げられてきた貴重な流れが見え隠れしている。

同時に、資源の採掘競争や農産物や水産物の乱獲、生活の近代化等に伴う代償は空気の汚染や天候不順となり、未知による産業被害や健康被害など、地球上の動植物にかつてないほどの苦しみを与えてしまった。これらの事態も、産業の近代化による新たなニーズと欲望が、際限なく求められてきたことの流れでもある。また、増大する人々の胃袋を満たす欲望に便乗し、過当競争に勝ち残るプロセスとして一方的に追認され、暴走を続けてきた動向など、そんな一面的な捉え方も否定できないだろう。しかし、その反面で、コンピュータ化や通信情報技術の躍進による産業や生活レベルの飛躍的向上といった成果を積み上げ、いわゆる、人類の加速的進化に貢献してきた実績も、時代的財産として評価の対象になるだろう。もちろん、資本主義体制批判の人々からの、猛反発を免れられないのは承知の上で……。

それにしても、それ以前の先輩諸氏からは、資本主義体制に関してどんな評価を受けるのだろうか。変化の速度が速すぎて、比較の対象にならないのか。巨大な都市空間や無人の生産工場、巨大な農場や娯楽施設等々、仰天するほどの変わりように、さぞかし驚嘆することだろう。それでも、地球上に暮らしている人々全員が満足しているはずもなく、むしろ、細菌や健康面などへの課題を抱えたまま、手際よく加工された食品の虜にされ、多くの規制に管理された生活に汲々としていると受け取られるのではないだろうか。そして、さらに飛躍的に発展し、新たな近代化、つまりＡＩ・人工知能による変化の時代が到来していることも、話題になることだろう。しかも、これまでの変化とは、意味合いが大きく異なる人工による知能の持ち主が人の手で開発され、経済活動のみならず社会全体に大きな影響を及ぼす驚嘆な時代が到来していると、興味をそそられることだろう。つまり、前向きに受け止めれば、これまでの人間中心の社会に、知能ロボットなどが参入することを意味し、将来的には、その能力を活用し発展的に拡大し、資源の枯渇や地球環境汚染対策などに関する諸課題の解決策をも見出すことにつながっていく可能性を、是非とも、ともに見届けてほしいと願わずにはいられない。

このように、資本主義体制もここまで成熟すると、当然のようにさまざまな課題が見え隠れし、次から次ぎへと出現してくる。ともかく、地球上で、経済活動がこれだけ大規模に、しかも流動的にせめぎあうこと自体、一昔前だったらとうてい考えられない混雑ぶりといえよう。好意的に解釈すれば、累積的な拡大経済活動と多大な人口増による変化が生み出すエネルギーの、指数関数的成果の偉大さによる賜物と、総括することもできるのではないか。もしくは、生命を持続させ生き残るための丁々発止の成果ともいえる側面も、むやみに否定できない意味合いとして強く込められている。ただし、その時代に対峙している当事者でないと、正しい評価は定まらないのが、正直な判断といえよう。

それでも、すべての物事は、物理法則に基づき、時間の経過につれて必然的に派生する事態の変転を避けられないように、ポスト資本主義体制への移行も同様の筋道をたどり、さらなる進展と進化のプロセスが待ち受けているのではと、期待を込めて受け入れることで、一時的に溜飲が下がる思いに浸ることができる。とにかく、数億年も生き続けている、偉大な化石的生物の存在などと比較すると、人類誕生など１００万年単位という小さな一コマであり、さらに明るく照らすために前向きな意識をもち続け、そこに、にわかに騒がしくなっている、「人工知能」による突然変異と思われる時代に向かって、歩みが始まっているのは嬉しくもあり、かつ未知への期待と不安を限りなく募らせてくれる。しかし、この流れを多様性と複雑化による進化行為、もしくは自己組織化の一つであると受け止めるなら、新たな次元への希望溢れる出発点になるものと、信じずにはいられない。その前提には、必然的に自然環境との循環型メカニズムを尊重した行動規範が厳然として求められ、受け入れざるを得ない実態が、明確な方向性として迫りくることだろう。そして、行き過ぎた資本主義体制に対する批判も、休むことない議論と実態とが粛々と繰り広げられヒトの社会はさらに蠢(うごめ)いていく。

2　マネジメント体制の変化

都会に住むことによる便利さも、自然に囲まれ悠々と生活することも、無意識的に社会生活という大きな括りに巻き込まれていることには、さして変わりはないように思える。人と接することの時間的変化の差や人間関係の煩わしさなどは、それなりの差異があるとしても。また、自給自足の生活ができたとしても、足となる電車やバスなどの利用や、通信手段としての電話や各種モバイル、はたまたもろもろの電気製品利用から食料品や衣料品、健康維持のための医療のお世話になることなど、途方もないほど多くの事柄が必要不可欠になっていることに、強く気づかされる。また、身近には現代人として生活を維持するため、万事が分業による役割分担のありがたみを無意識的に当たり前のように享受し、それなくしては日々が過ごせず、かつ、時代の進化とともに表面的密度が濃くなっていることを、むしろ現実論の中で、当たり前のように再認識させられている。

また、これらの実態が、日常生活に綿密に定着することで、歴史の積み重ねの偉大さを痛切せざるを得なくなる。しかし、不遜にもそのことは当たり前なのだと、ありがたみを忘れかけてしまうのは、マンネリ化を通り越し、さらなる変化へのあこがれが根底にあることが、混乱する要因になっているのだろうか。すべての物事は、前進したり後退したりの繰り返しであるのに、常時、欲張り意識とプラスした欲求面だけ考えすぎていると、よくしたもので必ず落とし穴が待ち受け、必ず修正場面が現われるから、行き過ぎもまんざら捨てたものではなさそうだ。同時に、よくいわれるストレスに悩まされる確率が高くなり、予想外のアクシデントにつながる事態が多くなり、安心感よりも不安要因がむしろ増加傾向にあるのは、何とも皮肉といえよう。もちろん、その過程で社会的エネルギーロスを抑制することは、不可能に近い現実であることを、思い知らされることになる。

だからこそ、身近なケースとして大多数の人が、このところの自然環境の保護や技術革新のスピードアップ、そこに生ずる経済活動の質的変化を含めた全体的な社会態勢の振れが、予想以上に大きくなっていることを、敏感に感じ取り疑念を抱く状況が、あちこちで露見され始めている。もちろん、このような動きは、社会環境の質的進化と理解すればとくに驚くことではなく、むしろ当たり前のことだと受け入れることもできる。ただ、自然環境の破壊を憂慮し、これ以上の変化を嫌う人にとっては、許しがたい状況であると、声高に叫んでいる実態を無視することは、もはや許されない多くの状況が教えてくれている。これらの見解の相違には個人差があり、ときに並行的であり、ときに極端に対立的なケースが見られるのが常識的であり、そこに、問題の複雑さを転写することの難しさを知ることができる。

また、多数の意見を集約することの困難さから、残念というのか「時間の推移＝物理的現象＝進化」という大前提の前には、生物が生き残る知恵あるいは手段として、果てしなく繰り返される類の事柄と同じでなければならないはずなのに、自己保全の前には、認識の差を容易に解消できないギャップが、常に見え隠れする古くて新しい難題として、オーバーラップする傾向を読み取らなければならない難しさから解放されることはなさそうだ。

夢は夜開くなんて、歌の文句としては愉快な言葉とはいえ、ビジネスの世界では夜中に働くのは、常識的にはあまり歓迎されない。しかし、競争が当たり前の人間社会では、そんなことは許されず少しものんびりさせてくれず、ギスギス感が残るのは仕方ないだろう。しかも、こちらは夜であっても、地球の裏側は昼であることなどお構いなく、終日SNS等で情報が飛び交い、おちおち寝てもいられない忙しさでもある。お陰もあってか、国内では海外からの観光客が大幅に増加していて、むしろ、日本人のほうが知らない情報が次々に飛び込んできて教えられることが多いのには、いささか驚かされる。小さな国だと思っていたのに、意外な実態を学ぶことが多いのは、情報のもつ特性なのだろう。それを海外にまで拡大してみると、どこかで新たな製品が開発され、寝ている暇もなくビジネス競争が始まっているのが常識なのであり、それゆえに、夜と昼の区別も忘れ、何とも地球も騒がしくなってしまったのだ。人類は、この騒々しさをさらに加速させ、日常生活に加えビジネス活動全般まで、血眼になって煽り立てている。このゆとりのなさは、この先どんな姿に変身し、どんな形に漂着していくのだろう。

この忙しさと競争関係の根源こそ、気取った表現をすると「進化の象徴」なのだといえるのか。あるいは、人の心は移ろいやすく、目先の流行などにも左右される不合理性も持ち合わせているだけに、簡単に正解を見出せないため、むしろ多様性による成果として前面に押し出すしか、適当な表現方法が見当たらないのかも知れない。その中身も、国により地域によりもろもろの落差があり、さらに生き方の違いや気候風土あるいは固有資源の多寡、経済活動に関する認識の相違などにより、大きなギャップが見られるのは、多様化の進捗度に関するタイムラグと差異要因の相違さが関係していると、解釈することもできるだろう。

つまり、いつの時代になっても、地球上の物事が同じ色に染まることなど、およそ不可能であるのは当然だとしても、むしろ、違いがあるからこそ多様性が生まれ力となり撹拌され変化となり、可能性を呼び戻す力が持続される視点を尊重し、有意味として受け止めることではないだろうか。それに加え、情報通信時代に入り、以前より共通情報の伝搬速度が格段に速くなり、その結果は、国際情勢や紛争、人権問題などたちどころに地球の果てまで行き届く時代であるだけに、人々の意識が急激に変化している動静を、これまでになく冷静に注視し、決断が求められ対処しなければならない事態が増えてくる。つまり、表向きの洪水のような情報が否応なしにグローバルに飛び交い、瞬く間に拡散される怖さを抑制することができなくなり、むしろ、巨大なエネルギーとなりパワーとなって、ときには国家間の根幹を揺るがすような事態に、飛び火する怖さを抑制できなくなる危険性も、常時想定しておかなければならない。

つまり、日常的に、情報のもつ力に左右され、運がよければヒーローになり、悪いときにはさらし者にされる怖さから、誰もが逃れられない、まさに予測不能ともいえる時代に突入している。そうかと思えば、世界的な人気商品も、そんな循環サイクルの中から生まれるのだから、少し油断し安閑としているとたちまち足元をすくわれるため、積み上げた栄光や固定観念に浸っている余裕を、少しも与えてくれない怖さがある。それだけに、便利で欲しいものは何でも手に入れることはできても、忙しさだけが倍増し、いつも何かに追いかけられている感覚が、後から追い打ちをかけてくる。そんなとき、ふと森や湖に囲まれた、のどかな風景が恋しく感じられ、ノスタルジックな気分に浸りたくなったりする。それでも、技術革新と進化が産み落とす止めどのない成果を、ありがたく受け入れざるを得ず、しかも、表面的には等しく前進せよと、無言の圧力が空虚に空しく呼びかけてくるのが、現実ではないだろうか。

ところで、寄り道をして、進化とは端的に表現すると、突然変異による「異質」なものが新たに生まれ出ること。もう少し詳しく分解すると、より大きな流れをより容易に動かす能力、さらに、①複製すること、命が続くこと。②変異が起こること、少し性質が変化する。③選択が起こること、自然選択、人為選択がある、品種改良など（『協力と裏切りの生命進化史』市橋伯一著、光文社新書）。これは、進化生物学者の見解であり、進化に関して普段ここまで細かく考えることは、まれではないだろうか。

さらに、宇宙からの圧力による化学反応、遺伝子の組み換えや細胞の働きによる根本的変化、そして、気温の変化に影響されるもの、人智では知りえない現象など、さまざまな要因を挙げることができる。これらはすべて、物理法則で解明できるのだという。もちろん、それだけではなく、さらに言い尽くせない何らかの要因が当然あるはずだ。体内では、細胞同士の協力体制があり、ときに裏切り行為などが休む間もなく繰り返され、そのおかげで生命を維持できていることに、素直に感謝しなければならない。ふと考えると、生命を維持しているのは誰なのか、時折、疑念が湧くことがある。しかも、幹細胞や遺伝子の組み換え研究が急速に進展し、その成果から延命効果につながる可能性も取りざたされているとなると、さらに怪しい気分になってしまう。

ところで、身近な果物の例でいえば、トマトもミカンもイチゴも、遺伝子操作によりおいしい品質のものは、同じ株からあるとき偶然にそれまでに見られなかった作品が出現し、その子孫を栽培することで、品質向上を可能にしているという。もちろん、休む暇もなく種子を掛け合わせて、品種改良を進める研究開発には怠りはなさそうだが、遺伝子の組み合わせで、予想外の品質のものが生まれ出る意外性に心を奪われ、進化の一端をのぞき見できた瞬間こそ、生みの親は天の恵みとばかり、さぞや興奮させられるだろう。実態は意外性の宝庫でもある。

大豆やトウモロコシなどを使用した食品には、遺伝子組み換え云々と必ず解説がついているほど、日本人にはナーバスな課題でもある。その点では、アメリカでは生産第一主義の思想が社会的に根づいていて、売り上げを増大し、勝ち残るために欠くことのできない戦略手法として、当然のごとく認知されている。一方で、そんな動きよりも主義主張を重んじ人権主義を盾に取り、公的規制などで守ることに主眼を置いているヨーロッパでは、自然栽培の食品重視の思想が根づいているだけに、あまり歓迎されないのは当然の帰結と考えられる。しかし、これから先、ＡＩ時代の進行による影響認識は、いくつもの山や谷を越え、どんな形で審判が下され、どちらに軍配が上がるのか見定めるのも、興味深いものがある。もちろん、そうなっても、自然農法や有機栽培に対する評価が高まることには変わりがないと信じたい。自然の力と微生物の作用による効果性と有機化とは、切り離せない尊いサイクルであることには否定できないのだから。

ともかく、人間がこの世に存在するのも、突然変異の成果であることは間違いない事実だけに、進化とは、生物にとって粘り強い抵抗力と生命を次代につなぐ必須の防波堤であることが、科学的解明が進めば進むほど明らかになり、それだけに、当事者しか知りえない貴重な実態が認識を深め、重きを増していくだろう。また、多様性と混合性や必然性があるからこそ社会生活が維持される半面で、日々変化する高度な通信情報に尻を叩かれ、知らない間に自身の情報がビックデータに組み入れられ、サポーターにさせられている状況に、はたと気づかされるケースに行き当たる事態が、日常的に派生し個人の無力さを、強く感じることが多くなっている。よく考えてみると、安全なはずの個人情報が安全ではなくなり、むしろ、ハッカーに巧みに利用されるなど情報難民にされてしまう不合理さの前には、時代の進歩とは裏腹に、安閑とはしていられない現実感を払拭できない。さらに、便利さの裏返しとして西部劇でよくお目にかかる無実の罪を負わされギロチン台に引き上げられる事例、もしくは、大事な財産を知らない間に横取りされてしまう事例などに直面するリスク等も、ぼんやりしていると、他人事では済まされない危うさから逃れることは容易ではない。

このようなもろもろの変化に伴い、避けて通れない波紋の広がりは、これまで、長い間先進国中心の政治思想や経済運営などが常識とされてきたスタイルから、現在では、当然のように、世界の果てまで大きな波となって波及している異変に、突如気づかされ唖然とさせられる。そここには、情報端末の威力により、誰でもどこにいても溢れんばかりの膨大な情報が入手できることにより、何重にも波紋が広がり可能性拡大へと転換できる情勢変化から、とてつもなく大きな振幅と今後の逆転現象までも、予感させられてしまう。端的に言えば、大国優先意識に反発し、新興国等の発言権が強くなり、正当性や批判等が増えていることなどが、その例といえよう。

もちろん、同時に億単位の人たちが水や食べ物が満足に得られない現実は、簡単に解消できるものではなく、引き続き緊急の課題であることは間違いないとしても、かつてのような情報が一方的に流れ分断されていた時代とは、格段の進歩であることは多くの人々が感じ取っている、紛れもない現実なのだから、引き続き堂々と主張を続け、むしろ大変身の改革に結びつけたいものだ。ツイッターの力も無下にできない現実も見逃せない。

この変化を前進させ実効ある解決策をまとめ上げる責任が、人類に等しく求められている課題であり、見過ごすことはできない大切な役割であることに改めて気づかされる。たとえば、広大な砂漠で空気中から水を生み出す先端技術の開発も進んでおり、そうなると、将来水不足も解消され食料生産も容易になり、食糧不足や生活スタイルも一変させてくれる可能性が、夢のように大きく膨らんできたりする。また、砂漠で野菜の栽培や魚の養殖なども盛んになる日も近いというから、貧困地帯の飢餓撲滅への実現が待ち遠しく感じられてならない。これらの落差の大きさに対する見通しは、少し楽観的過ぎるだろうか。

ところで、動植物の端的な歴史は、原則的には強いものを中心に勝ち残り、子孫を多く誕生させ生命を維持してきた。それでも、生物のそんな歴史の持続性も、自然現象という強烈なエネルギーを提供してくれる気候モンスターには、太刀打ちできない宿命から逃れる術は見当たらない。ただ、人類には、ほかの動植物が持ち合わせていない、各種の調整能力を身に着けてきた実績がある。それでも、永遠に生命を持続することは不可能であろう。それだけに、その力をこれまでのように、自己保身のための独走ではなく、マイナス要因を排除し自然現象との循環サイクルを尊重し、新たな方向性に邁進しなければ破滅への道のりが早まってしまう事態を回避できなくなる。ともあれ、これまでの苦闘の歴史は貴重であるだけに、少なくとも近未来は健全な活躍の場を持続させせる努力こそ欠くことのできない、大事な方向性にしなくては、これまでの実績と成果が、霧散してしまうことにもなりかねない怖さが浮かんでくる。

少し横道にそれて、常に話題を賑わしている、個人で何と何兆円もの大資産を有する人や、大企業のリーダーとして絶大な権力を有している人などの存在も、現行制度の下では歪んではいるものの、ことさら非難したり、中傷したりするだけでは直接的な成果に結びつかない難しさが露見してくる。また自由競争社会であるだけに、時系列的な現状だけで判断することの難しさと、この変化の速さと質的・技術的な移り変わりに翻弄される可能性が高くなり、特定個人の力関係ではなく、社会的な仕組みとして不均衡是正への取り組みによる解決する局面に必ず直面するときがくると推測することができそうだ。むしろ、差別的意識や態度の背景や争いごとなど、非生産的な行為を非難することも忘れてはならないが、人としてあるべき姿を、最大限、維持する姿勢を貫く努力の重要性を思い起こし、大局的な情勢変化のシグナルを見誤らない姿勢こそが、今後の展開には好都合に働いてくれるだろう。

これほど、知能ロボットの性能が上がってくると、人は働かなくても済むようなる。そんな発言も時折、見受けられるが、それははるか遠い先の夢であり、むしろ、そんな事態になれば自殺行為に等しく、人類が衰退に追い込まれる危機に遭遇することになるだろう。それより大切なのは、人が人たるゆえんとは、どんな仕事であれ、働くこと自体が生き甲斐の根源であり、社会生活を安定させる基本となるもので、その原理原則こそ人が存在している証であり、健康的な生活を送れる素なのだから、今後とも大転換を画策し仕事を止めてまで、案楽な道を選ぶことなど考えることなどできそうにない。仮に代替役のロボットに指示して自分たちは優雅に過ごしたい、そんな構図は堕落であり、これまで培ってきた貴重な財産を見捨て、革新や発展の道筋さえも放棄してしまうことなど、どのように考えても、発展的指向への筋道につながるとは思えない。それよりも、将来における知能ロボットと役割分担による協力関係の構築や、これまで以上に高度化社会の推進など、次なる命題に向かって前進を続けなかったら、この世は暗闇に入り込んでしまい、赤信号ばかりが灯り続け、無駄な葛藤と暗黒の世界が待ち受けることになるだろう。

さて、もっと現実論としての新たなマネジメント体制の方向性を考えたとき、どのような論点を挙げることができるだろうか。足元で常に話題になっている、資本主義体制の集大成的傾向として、情報通信技術（ＩＣＴ）の進展とネットワーク効果、ＡＩ・人工知能などによる怒涛のような波及効果と急激な影響力が起点となり、産業活動が飛躍的に変転する序曲が、すでに進展中であること。つまり、産業革命以降のビジネスモデルの集積が、飛躍的に各種産業を進化させ、そこに加えて、近年のグローバル化と情報のネットワーク化、通信技術の革新などがミックスされ倍加された成果の恩恵を受け、新たな段階へのブレークスルーが、始まっていることを意味している。ときに、この動向をデジタル革命とも呼び、これまでの概念を飛躍的に塗り替えた意識転換とパワーアップ、スピード感のある競争環境により、次々と新たなエネルギー燃焼を惹起させ、別次元の産業活動にスイッチオンされ、結果的に相対的な社会生活も文化度も高まっていく。そんな構図が頭に浮かんでくる。

また、これまでのビジネス環境や各種製品開発、あるいは意識パターンがアナログを基本にしてきた経済スタイルから、デジタルをベースにした競争環境の場へと変化の舵が切られた意味は、ときには、３６０度の発想転換が求められていると、受け止めることもできよう。まさに、従来の産業区分を中心にした枠組内での競争関係の積み上げから、その原則を乗り越えた新たな可能性への挑戦が始まったことの、明確な裏付けにつながっている。これまでの、製造業、農林業、水産業、医療産業、流通運輸業、サービス産業、健康産業などに区分けし、効率化と生産性向上に必死で取り組んできた方向性だけでは通用しなくなり、その垣根を超えてビッグデータや通信技術、人工知能が誘導する新たなマネジメント戦略が柱になり、競争関係が展開される環境に変化していく、高度な競争本位のダイナミックな時代が到来している。

もちろん、本質的にはアナログ型モデルの集積の上に、デジタル型のモデルが包み込む構図であることに間違いないにしても、大枠が外され、どの分野とも関係性を有する、柔軟な横断型の構図が浮かび上がってくる。つまり、縦型の業種分類では括れず、複合的な産業構図による流動性が主流になり、攻守の関係が平等に現われ、対等の競争環境が維持される中での、エモーショナルな関係が重視されることを意味している。身近なケースでは、世界的な資金余りも手伝って急増し分野を問わない参入や、M＆A等による事業の拡大、もしくは、事業転換が増えファンドマネーが集中的に投下される動向が、その実態を明確に反映している。

つまり、これまでのサプライチェーンのように、作り手主導による固定的システムを構築し一方的に支配することで、独自に安定したビジネスを進めることができた流れから、新たな方向性として、柔軟で自由な発想により、必要性に的を絞りどの立ち位置からでも新規参入が可能になり、無駄が省かれ効率アップとコスト削減、省資源化とエネルギー効率の向上などへの貢献、そして関係者全員が便益を受け取ることができるビジネスモデルへと相転移（水から氷へ突然変化する振る舞いなど）が進み、多面的な可能性が見込める図式へと進展すると考えられる。これまで累積的に積み上げられ広く容認されてきた、従来型のビジネス方程式が通用しなくなり、それに代わる、革新的な通信情報システムに裏打ちされた、新たな方程式として認知され浸透し始めている実態が、そこに見えてくる。その動向は、先端産業の渦となり、やがて大きな奔流となり、新たなマネジメントシステムとして、世界的な産業活動をけん引していくだろう。しかも、これとて序の口でしかないことを承知していないと、競争関係に乗り遅れてしまう危険性から逃れ出ることはできない。

もちろん、短期間で瞬く間にこれまでのシステムが組み替えられ、すべての要件が一方的に塗り替えられ、高度な次元に到達できるわけではない。ただ、時間をかけて次第に浸透してきた従来型とは趣が異なり、スピード感が加わり、しかも影響力も加速度的で強烈なため、当面はいくつかのグループに枝分かれして乗り切る可能性が高く、必然的に意外性による新たな差別化現象が現われる懸念が浮かんでくる。そして重要なことは、無駄の多い特定大企業による牽引スタイルは歓迎されなくなり、むしろ、相互関係が尊重される経営環境とシステムと人・重視の実態が伴った企業関係が、主体になると考えたい。

もちろん、自然環境無視と過激な競争関係は敬遠され、他とのバランスの取れない非社会的効率の経営形態は必然的に短命となり、必ず崩れる運命にあることは一層明確である。しかも、分散型による変革とあらゆる分野にまたがり波及的流れが発生することから、社会的現象として環境変化が現われることを真摯に受け止め、本質的な潮流を見誤らない精神性や道義的な正当性にも十二分に配慮しなければならなくなる。もちろん、ビジネス分野以外に留まらず、内外関係や科学技術、文化と教育など社会全体にまたがり認知され、同じく方向転換の波が押し寄せるのは必然であると受け止めたい。これは、将来への当面の願望論であるかもしれないが、夢はイノベーティブのほうが楽しみを与えてくれる。

ともかく、コンピュータ、ＩＣチップ、各種センサー、ロボット、人工知能などが主導して、従来型の発想も産業活動も飛躍的に転換していくことは時代の流れであり、それを支えるビジネスモデルも、ダイナミックでありながらも緻密な戦略をベースにした展開になるのは自明であり、さらに、多様性と融通性と革新性に富んだ発想が必要になると同時に、地球資源の無駄違いを減少させ、しかも枠組みにとらわれない異質で特殊性のある斬新なモデルが、次々と生み出されるのは間違いないだろう。

3　スマートマネジメント

企業の経営活動を振り返ってみると、ここまで、世界の経済は、先進諸国と呼ばれてきた国々がけん引して、産業革命以降の資本主義体制を支えてきた古典的経営管理形態も大きな転機に直面している。国内では財閥主導の独占的大企業が産業別のリーダーとなって経済活動を支配してきた、長い歴史的パターンにも大きな変遷が見受けられる。その中で、大多数を占める「中小企業が長いものには巻かれる式」の歪んだ盾に取り囲まれ、反面で劣悪な労働環境を甘受させられてきた貴重な史的実体が反面教師となり、多くの事象が改善されてきた流れが見え隠れする。そこには、真面目にコツコツと粘り強く努力する国民性が、製品に対する評価を高めてきた、かけがえのない貴重な成果とも言い換えることができる。

だが、時代の進展は、生産活動に欠くことのできない自由競争と技術革新競争こそが生命線となり、その連続線上に新たな競争者が出現して、次への競争関係が逐次構築されてきた流れがある。その相手こそ、人口が多く未知な可能性を秘めていた東南アジア勢力の台頭を挙げられる。その筆頭は中国であり、少し遅れて同じく人口大国のインドが追いかけ、表舞台に躍り出てきたことは、経済活動に限らず、すべての側面において、無限の可能性を秘めている状況に直面するサイクルが巡ってきたとしても、何ら不自然ではなくなっている実態を直視し、今後の対策に万全を期さなければ、やがて、循環性の大波に飲み込まれ、後塵を拝する展開に突入するのは避けられなくなる。

さらに、人的増大が生み出す強力な相対的パワー、エネルギー消費量のアップや生活必需品の増加、投資マネーの増大、加えて限りない欲望の増大と利益追求などと、定石どおりに経済市場を活性化させてきた。その波は、グローバル競争市場への率先参入であり、必然的に特定国は人口の多さという強力なツールを携え、高いところから低いところへと、脇目も振らず圧力をかけてくるだろう。また、経済力の増大に伴い、軍事力や技術革新競争にも加わり、先進国を脅かす存在に成長している。もちろん、一方における、環境汚染や軍事支配と情報統制、人権侵害など不透明な側面も見落とすことはできない。このように、いまだ全面的な自由競争の段階ではないために不透明感もあり、先進国のような民主的な競争原理を看板にしている経済活動との相違は、違和感を捨て去ることはできない。しかし、時が熟すことにより、競争関係増大の怖さを防げない相手に成長する力を有しているだけに少しも油断はできない。そのときには「力こそ正義」がまかり通る事態を黙認せざるを得なくなるとしたら、反作用的に寝た子も目を覚ます、いわゆる重大な時代錯誤が加速化し、大事な民主的経済社会の環境が閉ざされてしまう危険性も、否定できなくなってしまうだろう。

さて、技術革新の進化は、通信技術をベースにして可能になった斬新的なツールが次々と誕生し、社会生活全般にわたり数えきれないほどの便益を享受することができるようになり、必然的に従来の考え方を短期間のうちに着々と、大幅に覆してきた。しかも、それに満足することなく、怒涛のような改革の波が波状的に、次々と押し寄せてきている。そして、ついには、分野別の固定的事業展開にとらわれるのではなく、柔軟で多様な発想に基づき、新たなメリットを追求できるパターンが注目を集めるようになってきた。いわゆるデジタル革命への先行的参入を目指し、そこには、アナログ発想の息苦しさを打ち破り、革新的思考を土台にした、新発想の取り組みといえる流れが勢力を増している。コンピュータの性能アップ、インターネットの活用、そこに、携帯端末からＩｏＴ、各種センサー、ロボットの活用。ついには、ＡＩ革命ならぬ人工知能ロボットが活躍する時代を迎え、高度な技術とハイレベルな競争の時代に入り込んだことを象徴するような事態が待ち受けている予兆が、各種の分野で目立っている。まさに、これまでの常識を塗り替える展開を、受け入れざるを得ない趨勢として生産から消費市場、デジタルマネーなど広範囲にわたる分野に参入し、新たな競争環境を形成している実態が、日々勢力を増し侮れなくなっている実態が見える。

これらの大変革は、産業活動推進のベースともいえる組織体の管理態勢に関する取り組みにも転換が求められるのは、至極当然な流れともいえるだろう。それなのに、人工ロボットの進出やＩＴ情報が先導する、ダイナミックでフレキシブルであり高効率な活動をリードするために必要とされる、最終意思決定役のはずの人間が足手まといになったのでは、新たな成果に結びつけることなど無残に打ち砕かれてしまう。つまり、肝心なことは、これまでアナログ方式で積み上げられてきた成果に、デジタル式の強力な武器をさらに補強する必要性から、環境汚染や貴重な資源の無駄遣い、そして、動植物への虐待など、数々の不作為を正す絶好の機会が訪れていることを、この機会にとらえ、改めて真摯に受け止め、創発効果によるパラダイムシフトを実現する前兆であると、前向きに受け止めるチャンス到来でもある。

今、目下の注目点である経営管理全般に関わる新たな方向性については、この後、随時取り上げていくことにし、その前に、このところ国際的にも盛り上がりを見せ注目されている、国連主導の平成15年9月に定めたＳＤＧｓ（Sustainable development goals）の枠組みをいくつかの事例を参考にして取り上げておきたい。その基本定理とは、誰も置き去りにしない（No one will be left behind）とするスローガンが掲げられている。そして、持続可能な開発目標として、飢餓ゼロ、気候変動など具体的対策として以下の17項目である。

①貧困をなくす　②飢餓をゼロ　③すべての人に健康と福祉　④質の高い教育をみんなに　⑤ジェンダー平等を実現　⑥安全な水とトイレを世界中に　⑦エネルギーをみんなにそしてクリーンに　⑧働きがいと経済成長　⑨産業と技術革新の基盤をつくる　⑩人や国の不平等をなくす　⑪住み続けられるまちづくり　⑫つくる責任つかう責任　⑬気候変動と具体的な対策　⑭海の豊かさを守る　⑮陸の豊かさも守る　⑯平和と公正をすべての人に　⑰パートナーシップで目標を達成（この部分は日経新聞参照）。

今回のスローガンの特徴は、これまで持続可能な経済発展と環境破壊を守ることが、長い間、世界的な合言葉であったものから、現下の懸案事項をまんべんなくターゲットとして掲げ、同時に複雑で難解な人権尊重課題にまで目配りしている。その点では、時宜にかなった項目が幅広く組み込まれていて新鮮である。もっとも、ここまで事態は深刻であることを正しく受け止めなければならない。とにかく、国際的重要課題は、取り返し不能なほど現状認識と実態とに大きなギャップが生じてしまっている以上、国連主導でリードしないことには、理解の度合いに温度差が生じ、浸透度も遅くなるだけに、こうした呼びかけは大変重要な意味と期待が込められていることを、いまさらながら再認識させられる。

経済や経営に関する項目としては、働き甲斐も経済成長も、産業と技術革新の基盤が直接関係するものであり、その他の項目も、日常生活に付帯的に関連性を有する内容ばかりであるだけに、常時意識して取り組みができる体制の強化と、必然性を生かす意欲が込められた構成内容であると解釈できる。これまで、製品の品質基準や食品の安全基準を守るＩＳＯの品質基準制度が広く認知されてきたが、少しマンネリ気味であることと、適用範囲などにも限界があるだけに、今回のこの方向付けは、より多くの具体的留意点が加えられたことと、なおかつ産業重視の視点以外の事項も広角度に包み込み、すべての人々の意識を高めることにより、相乗効果を上げることを目指していることが強く感じられる。

もっとも、飢餓や貧困をゼロにしたいなどの項目は、日ごろから繰り返し俎上に挙げられ苦慮している事項であるが、企業活動の中にこれまで以上の認識が広がることで、以前よりは事態の深刻化に関する理解が深まることが期待できるだろう。企業管理の観点からも、より広範囲に掘り下げた具体的取り組みが求められることは避けられず、従来の社会的貢献という基本的考え方の中に、新たな実践的必要性が加味されることにより、現実に多くの企業が参入に踏み切っており、さらなる実効性が期待されている。また、ここにきて、国内でも総務省や外務省などの呼びかけに加え、セミナーその他の啓発活動が盛んになり、企業の取り組みも従来とは一味違った発想と具体的提案が目立ってきているのは、歓迎すべき動向と考えられる。また、社会的な企業評価尺度として注目を集めている点も、大いに刺激材料になるだろう。

新たなビジネスモデルの基本的考え方としては、働き方改革制度もスタートし、個々の働き手がこれまで以上に意欲的に業務に参画し成果を残し、相互に自己満足度を高め社会的貢献にもつながる環境整備に期待がもてるようになったことだ。一方で、すでに述べてきた、見過ごすことのできないデジタル革命やＡＩなどによる大波を乗り越えるためには、多面的なスマートマネジメントへの転換が急務になっていることである。さらに、社会的環境にも大きな変化が予測されることで流動的要件が増し、その対応には、アナログ意識が主流であったものから、デジタル思考への転換を深める絶好のタイミングが到来したとポジティブに受け止め、多様な視点から方向性を探る足がかりにしたいものだ。できれば、変化しながらソフトランディングのための好循環サイクル形成に向けて、取り組むことができる環境づくりこそ、大いに歓迎すべ方向性といえるだろう。

ここで、スマートマネジメントの要点とは、次の2点を中心に考えてみたい。

①個を活用するビジネスモデル
②地球環境への積極的関わり

まず、①個を活用するビジネスモデルのポイントとして、働く人誰一人たりとも置き去りにしない、ここが最大の注目点だろう。

この世に生を受けた以上、誰もが平等な権利を主張できる。もちろん、長い歴史において形づけられてきた実態があるだけに、現実としては早急な実現は不可能に近いとしても、その精神は是が非でも守り続けなければならない。そこが重要なターニングポイントであり、個を尊重し最大限支援の手が差し伸ばされる環境づくりこそ、人類に課せられている永遠のテーゼとなるだろう。もっとも、地球上に散らばり独自に生活している個々の人々を、すべて同じ方向に向かわせることなど、冷静に考えてみると茶番劇に過ぎないと、冷笑されるだろう。また、逆に個の尊厳や持ち味を踏みにじりかねないデメリットであり、収拾が困難になるからと、避難ごうごうの嵐が吹きまくり、強烈な反発を受けることだろう。ともかく、その難しさこそ共通の認識として発想を転換させ解決しなければ、人類の恥として語り継がれてしまう。将来的には、局地的宇宙開発も大切なテーマであることは確かでも、まず、地球上に横たわる多くの難問を遠ざけて、豊かな人々だけが宴に興ずることなど、過去の物語にしたいものだ。

また、貧困をなくし、食べ物を確保し、子どもたちを飢餓から救うには、乾燥地帯において農作物を確保するのに必要な気候的条件に対処でき、たとえば、砂漠を緑の大地に復元し、農作物を栽培できる有効な手段など、何としても開発したいものだ。先述の空気中から水を作る案は、かなりの可能性が感じられるが、トイレを世界中にとの表題があるように、いまだにおける8億人もの人が屋外で排泄しているというのも穏やかでない。この現象は、人間も過去における動物と同じ行動パターンの名残と考えると不自然ではないが、それにしても、国連による積極的支援活動と啓発運動促進を、加盟国の資金を通じて展開できないだろうか。ここにも、世界は広すぎ多様性に富んでいるからこそ簡単でなく、全員賛成を得ることは困難であり、むしろ不協和音が大きいところに、対処の難しさが滲み出ている。話題としては、国内にも金箔のトイレは何カ所かあるようだけれど。

こんなときこそ、ユニークな救済案に対して国連制定のノーベル賞に匹敵する賞を授与するのも、一つの方法ではないだろうか。それにより、結果的に荒廃した土壌の蘇生や保護などを通して、自然環境を守ることにも寄与してくれるはずだから……。また、自然環境を維持し持続させる大切な要件である、エコロジーサイクルの重要性を浸透させ、森林と農業などの重要性と生産活動を盛り上げることで、たくさんの人の働く場と収入を増やすことにもつながっていく。また、白人優位の差別化意識や人権問題に関しても、いまだ人種差別が根強く残っている要因の一つとして、経済発展が遅れている国の人々が対象になりやすい傾向が強いことに、新たに強力なメスを入れる必要がありそうだ（ただし、肌色の違いなどで差別化しようとする意識は、誰にも無意識的に潜んでいて、しかも、生きるための動物特有の競争行為という、捨てがたいしがらみに由来している面も否定できない苦しさもある）。

つまり、国力の判断基準にされている経済力が低いと、文化的発信力や民度なども相対的に低いとみなされる。必然的に発言権も弱くなり、影響力を行使できず、すべての面から不利な立場に立たされ、差別化される環境から抜け出せないのが、これまでの明確な実態といえよう。ただし、一昔前にも、人種差別から「文化による差別化」の時代がくるとの主張が、注目を浴びたこともあったが、かろうじて、そのような動きにはつながらなかった。当然のこととして、これらの歴史的で重大な物事が簡単に推移するとは到底考えられず、むしろ、モバイル時代に入りツイッターのフォローもあってグローバルな情報伝達が可能になったことで、たとえ表面的であっても大多数の人々が参画できるチャンスを生かし、差別化よりも平準化に向かっていく流れに期待するほうが効果的であり、成果に結びつく可能性が高いのは間違いないだろう。事実、そんな成功例がアフリカ諸国から聞こえてくるたびに、期待感が高まってしまうのは、早とちり過ぎるだろうか。

それにしても、力の強いものと弱い立場のものとの差別化とは、どんな場面にも必ず顔を出す。これが、民族や肌色などの違いによる優位性を誇示したいがための、排他主義につながり、文字どおり弱い者いじめ対策への道のりは遠いのに、突如具体的ケースが表面化することが多く、事態の推移の遅さに少なからずうんざりさせられる。とりわけ、奴隷制度の名残がいまだ消え去らず、歴史的残滓の根深さや執拗さには、日本人的淡泊思想からすると理解しがたく、排他的意識の根深さが強く感じられてならない。これも、歴史の一こまとして受け止めるとしたら、割り切れない気分にさせられるが、それ以前に、民族意識の執拗さと執念深さは、とくにヨーロッパを中心に半端でないことを、思い知らされるばかりだ。もちろん、いまだに奴隷生活を強いられている人が、この世に４５００万人もいるとなると、耳を疑ってしまう。どう受け止めたらよいのか、地球規模からすれば、これも多様性の分類に入るのだろうか。いくら情報化時代になったと喜んでいても、関心が低い情報には無関心になってしまう落とし穴を、埋めるのは容易ではないことに、またしても悩みが増してくる。

これだけ、時が移り変わっても、歴史的な自己優先主義が刷り込まれてきた文化や認識基準、人による受け止め方や根強い優位性意識を転換することの難しさを、多くの場面で痛感させられることが多いのには驚かされる。海外旅行などでも感じられることがあるのにも驚かされる。この流れこそ生物社会特有の、生き残るために避けることのできない本能的優先手段であり、最後は争うことで雌雄を決するパターンとして、繰り返さざるを得なかった実態を、思い出させてくれる。それでも、時代の歯車は、曲がりなりにも反省と転換へと回り始めていることを、多くの人が感じ取っている。しかも、最終的には、物事が同じところに留まることは、どうあがいても、宇宙の自然法則からしても不可能なのだから、人間社会のメンツにかけて一刻も早く、変化対応の成果を示したいものだ。振り返りふと考えてみると、誰にも何らかの差別意識は頭の片隅に潜んでおり、本人が不利益だと感じ取った瞬間に形として現われることがあるから、油断は大敵であり、まことに始末が悪い。学歴偏重意識も形を変えた一種の差別化であり、錆びついたナイフのように切れ味が悪くなっても、なかなか手放せないしみついた実態が教えてくれている。

　もちろん、社会的動物である人類も同様に、融和など高尚な解決策を望むほうが無理な話であり、表向きの公平さや面従背反とその場しのぎの一般論を述べることはできても、永続的で本質的な解決策を見出すのは容易でないことを強く思い知らされ、人のもつ弱さを知ることになる。となると、巷間で期待されている、異質で多様な文化のミックスから生み出される成果を信じ、双方の溝を埋める決め手にしようと画策してみても、どだい無理な話になってしまうのが落ちなのだ。それこそ、人間心理の不安定さと扱いにくい側面、それに不確定要素が交錯する難しさによるのだろうか。そうであっても、ともかく、時代は回り変化も付随的に発生するだけに、たとえ漸進的であっても、前向きに解決策を探る選択肢だけは、諦めたり放棄したりすることは許してはならない。その一つの機運と見なされるデジタル革命に伴う成果として、躍進を続けている情報社会やネットワーク化の恩恵により、または、相対的文化度の高まりなど、さまざまな分野における好循環の輪が拡大しつつあるのが、救いの女神であり明るい兆しと受け止めたい。そうでないと、地球上で一番賢いとうそぶいている人類が、いつの間にか笑いものになり、数々の反動に苦しめられている現状を拭えない実態として糾弾されるのは歯がゆく、残念な結末を招いてしまうからだ。

　話題を変え、経済活動を転換させる上で、避けられない要点を取り上げてみたい。まず、誰もが考えたくなる、これまでの無難と思われてきた積年の発想にとらわれることなく、新たな視点による転換点を探ってみたい。できれば、政治家が好んで使う、抜本的解決策を掘り下げたいが、経済活動こそ生きるために避けられない悩みの多い縮図であるだけに、簡単に答えが出せるものではない。第一の要点は、人類が地球上でこれまで以上に快適な生活を送り続け、健全で意欲的な「参加型生産活動」を持続するためには、基本となる個々の存在を尊重する環境を、是が非でも確保しなければならない。ここでの参加型生産活動とは、誰もが持ち合わせている能力が必要とされ、参画でき、何らかの分野で有意味な付加価値生産担当の一員として、社会的貢献活動に尽力できる体制が、原則的枠組みとして認知されていることに落ち着いてくる。

しかも、各人の意志で得意とする分野に進むことが可能であり、消費エネルギーを最小限にして生きる喜びと意欲が引き出され、成果が自然な形で自ずと評価される方向性が望めること。ここが、重要なターニングポイントであり、全員参加で魅力あふれる次元への突破口として、必須の解決点になるのは間違いないだろう。それにより、ストレス性によるデメリットを感ずる人が、大幅に減少することも可能にしてくれる。そして、ヒトの根本的意識となる、自律的で自制的な自意識先行型が許される社会環境こそ、一番の特効薬になるのではないか。

つまり、個々人が、常識的な満足度が得られる社会環境を構築できる、態勢を実現することにつながっていく。この幅をもたせた参加型生産活動は、関係者全員が組織運営に参画する場であり、一人の落ちこぼれもなくすことに期待が膨らんでいく。とくに、経済を支える分野をベースにした場合、人的構成比率が一番高く、その分、社会的影響度も必然的に増すことから、その動向には常に関心の目が向けられている（将来的には壁が取り外され多様化していくだろう）。もちろん、どの分野に関わっていても、人が関与する組織形態として認知されていれば、とくに異論はないのだからこそ、組織の組み立てや認識、そして根本的な思考パターンやスタイルなどにも、極端な差異が見られるわけではない。企業組織なのか準公的な文化団体などの違いを、わかりやすく表現しているにすぎない。

人の生き方や関わる仕事など、実に不可思議な要因によって決まることが多く、たとえば、身近な人の動向やマスコミ情報などに影響され、取捨選択し、方向づけすることが多いことを、誰もが感じ取っているだろう。極端にいえば、人は生まれた瞬間からチャンスが待ち受けていて、その中から数奇な運命に導かれ進路が決められているともいえそうだ。また、家庭の事情、親の職業や学校教育を通じ、そして、生まれた地域の環境等々複合的要因が組み合わさり、その隙間から光が差し込んで来たり消えたりして、方向性が決まる認識でもある。

それに加え、近頃は善意に解釈すれば、モバイル情報が威力を発揮し、クリックすれば、幸か不幸か所かまわず、未知の領域に引き込んでくれる利点に変化している。そのうえ、意外性や流動的要件はグローバルに波及し、何が起こるか読み切れない時代に差しかかっている状況は、多くの人が受け入れ活用している流れから、それなりに認知していると解釈できるだろう。しかも、それにも増してＡＩなどによる自動化の波は、すべての業種にまたがり急速に浸透しており、この動向はもはや防ぎようがなく、その対策のために巷の動向は慌ただしく、かつてない質的転換が待ち受けていることを痛感させられる。このまま進むと、主体とされる国民性とは何なのか、この先も維持できるのか不安になり、その分、逆に国際的な画一性が強まるのではないかと、それとなく疑念が湧いてくる。なぜなら、モバイル人が影響を受ける緊密性を拒否することは、もはや、不可能に近いからである。もしくは、浸透すればするほど、新たなアイデンティティが形成され同一化され、同時に、新技術に切り替わるスピードも速まるのは避けられないのだから。

それでも、人が機械に支配されるのではなく、今以上に働くことの意義が尊重され、それを支える自由意志による主体性を際立たせる環境整備を急がないことには、未知の事態が待ち受けていることへの警戒心をあおり、予想以上の異論が交錯し不安を拡大してしまうおそれがある。もちろん何ごとも、ただちにそんな場面に突入するわけではないが、将来のデメリットを最小限に抑えるためには、現状のボトムアップ式組織による固定的な管理形式に固執するのではなく、個が優先できるフラットな組織パターンに移行することにより、責任意識や横の連携が密になり、意欲的な協力体制が強化されるだろう。そこに、広義のロボットと人との役割分担が明確に見える流れとして、解釈することができる。つまり、これまで積み上げられてきた、組織形態の本質は人の競争心と願望、そして地位や名誉などが巧みに組み込まれ、一体的な組織効率を挙げるには効果的だとして受け入れられてきた長年の積み上げがあるだけに、言葉ほど簡単に切り替えができるとは思えないとしても、個を尊重する重要な選択肢の一つとして、挑戦する価値や必要性は必然的であり、しかも、すでに先行している企業もたくさんあるのだから心配する必要もない。

しかし、大きな組織になればなるほど規律や上下関係が厳しく、その分、個々人が無意識に埋没させられる危険性が高くなり、横の連携も弱く関係事項以外の伝達事項などが末端まで届かない事態が、しばしば指摘されてきた実態がある。担当業務以外には意識を働かせようとしない感覚は、時代錯誤であるはずなのに、実態はむしろ増加傾向にあり、それよりも個々の細かな動きまでチェックする、非弾力的なシステムが、注目されている点が気にかかる。しかし、それらの点をあいまいにしている組織は、一面的方向性であり責任意識が希薄になり、その流れは貴重な生産品に対して必然的に集約され、ユーザー評価に悪影響を及ぼし、結果として業績を上げるのに苦慮することを意味している。とくに、生活必需品に関する消費者の購買行動を促す要因は、信頼性と価格と品質・機能第一であり、常時複数企業の商品を取り上げ簡単に比較選択し、正直な反応をストレートに表わすから、ゆめゆめ油断はできない。日常の繰り返しに基づく商品評価や反動などは、外部から冷ややかに判断する以上に、実態は厳しいものがある。そのニーズに対応できる商品は、消費者目線や主体性に欠ける職場から、生まれるとはとても思えない。つまり、商品作りの意識や意気込みは、すべての雰囲気に染み込み製品の価値として提示される怖さを、組織全体で認識し徹底させる重要性を常時確認できる態勢づくりを急がなければならない。

要は、組織としてこれらの事態に関して、基本的認識を持続的に維持するためには、メンバー個々の自覚と組織的風土、それに加えてユーザー意識の先取りなど、組織的弛緩の入り込む余地を自然体で排除し、かつ自主的緊張感を持続的に維持できる雰囲気を浸透させること。また、常日頃の努力の持続性と課題認識の貪欲性など、積極的姿勢を醸成する必要がある。少なくとも、全員が「合理的思考」の持ち主であることが期待される。合理的思考とは、社会人として必要な社会的規範内での、意思決定や行動が求められること。つまり、良心的範囲内での社会生活や担当職務を、主体的に遂行することができること。言い換えれば、精神的安定性と自己判断で組織が求める必要職務を、意欲的に推進できることを意味している。さらに、合理性について次のような視点を紹介しておきたい。合理性の中に非合理性の要因と情緒的要素や人のもつ性格特性のことであり、知性はもとより、誠実さ、注意深さ、しっかりした労働倫理、進んで期待に応えようとする姿勢など、さまざまな特性を併せもっている人（『人が自分をだます理由』ロビン・ハンソン、ケヴィン・シムラー著、大槻敦子訳、原書房）も参考になるのではないか。

単に、組織に埋没し命令に従い、決められた範囲の業務をこなしているのでは、これまでの組織パターンのあり方とは何ら変わりがなく、個の能力を有効に発揮できる環境だとはとてもいえない。今後求められる課題は、変化への動向がスピードアップされることは決定的であるだけに、安定感を求める既定的観念とは逆思考の発想で、柔軟でゆとりと自由度の高い組織環境づくりがベースにならなければ、ユーザーニーズに敏感に対処できる組織作りは望めない。そのためには、特異性と意外性を認知し、例外事項が適宜入り込める隙間と精神的柔軟性が用意されていることが、欠くことのできないキーポイントになるだろう。そこには、大切な人の心が前面に押し出され容認されていること。そして、ロボットの役割とは異なる瞬間的な状況判断に対処できる存在であり続けることが求められる。同時に、個々の貴重なアイデンティティが尊重される組織であることも含めて、柔軟なフラット型組織が浮上してくる。

同時に、ポスト経済至上主義を貫く基本姿勢とは、あくまで人を生かすことの観点を確実に踏まえ、そのうえで、個々人の特色ある能力を、粘り強くしかもフレキシブルに引き出せる、精神的ゆとりが求められる。つまり、短所を糾弾するよりも長所を我慢強く引き出す組織体制と組織文化、もしくは、古くから積み上げられてきた独自の情緒性と持続力も、決め手になるだろう。ともかく、「人が人を生かす」ネガティブな潜在能力をポジティブな能力に変えられる、組織の姿を追い求める持続性と寛容力を見失わない、一貫性が決め手になってくる。そこには、経済合理性も科学技術の発展に伴う成果も、一人でも多くの人が恩恵を受け、幸せな人生を送れるパターンを創造する責務が課せられていると、注意深く受け止めたいものだ。もちろん、組織運営の基本となる約束事や、個々人の主体的役割などもメンバー全体が合意できるものでなければならない。しかも、周囲からの冷ややかな目など気にしないで、自信をもって行動に移せることが肝要だ。

そんなことを考える一方の現実は、高齢者による自動車運転で人身事故が多発し、被害者は幼稚園児が多いという、意外性のある現実をどう受け止めたらよいのだろうか。また、理想と現実の空回りは、予測不能な現象の中で発生する事態の前には無力であり、この先、何年たっても解決困難な課題だけに、最善を尽くし天命を待つ心境ともいえるのではないか。

次に、②地球環境への積極関わりについて述べてみたい。

この時代の理想とする姿は、競争至上主義や利益至上主義と排他的意識の除外から、個人尊重と協調体制の維持、そして貧困をなくし弱者支援が大事なテーマとして大きく浮上している。あくまで大切なことは、ヒト重視であっても、動物の一員である以上、あらゆる活動の根っ子について回る自然環境との調和を、一時も放棄することは許されるはずもない。もちろん同様に、一寸の虫にも同じ重さの魂が宿り、同じく生きる権利を与えられている。しかも、生物の存続を可能にしている基本要件は、多様な生物の相互依存関係に依拠して維持できていることを、どんなに頭を捻って知恵を絞っても、放棄できるわけではない。

また、どこまでも、エコロジカルなサイクルを維持するという大原則を、無視することは許されない。少し格好つけて表現すれば、命を守ることの大原則とは、物理法則に基づき、自然環境に守られていることから逃れることはできず、生物にとって永遠で特別なテーマであるだけに、対象の大小や形態を問わず、どこまでもついて回る原則を正しく理解し認識し維持するために、最大の努力を傾注しなければならない宿命を、生物は共通して負わされている。とくに人類はそのことから、目をそらしたり無視したりすることなど論外なのだと理解し、脳裏に深く刻みつけ、日常生活の場で少しでも実行に移したいものだ。

人の習性として、自分の利益になることは覚えていても、嫌なことや不利益になることは忘れようとする性癖がある。自然環境との調和も、大気汚染が健康問題に影響を及ぼすとなると、被害者意識丸出しで騒ぎ立てるのに、公害の垂れ流しや食品の添加物などには、案外、無神経だったりする。こんな矛盾も日常茶飯事であるところに、当事者意識の相違から引き起こされ、物事すべてに共通する、完璧を求めることの難しさが滲み出ていて、対処困難さを隠しきれない。さらに、マスコミを中心にした生活情報が溢れ飛び、混乱さに惑わされ、受け止めきれないまま流されている、現代病の怖さを否定できないでいる。また、経済競争に乗り遅れまいとする、資本主義体制による乱脈ぶりから、人間社会に突きつけられている身近で予想外の事態の多さに振り回され、自己コントロールするには難題であるため、模範解答を得ようと右顧左眄しても、時間ばかりが通り過ぎてしまうのが、実態ではないだろうか。

　まして、地球空間を含めた巨大な環境に、どのように、どこまで関与できるのか、さらなる難問に突き当たってしまう。それでも、小が大を制する困難さや、生産活動と人口増加が大きく影響する事態の推移が、積もり積もって環境汚染を引き起こしてきただけに、掛け声だけは勇ましくても、改革行動の動きが鈍いのは、生きるためのしがらみを絶つことができず、しかも、日々同時進行中である事態の難しさから離れられない苦しさを、いみじくも示唆している。それだけに、この先、太り過ぎてしまった人間社会を矯正する解決手法を見出すことが果たして可能なのか、改革や政策転換などの呼びかけとは裏腹に、未知の不安が脳裏をよぎり、苦悩を断ち切れない状況が覆いかぶさってくる。企業や人の欲望は果てしなく、その分、便利さも増幅させてきたけれど、その一方で、前述のように、取り巻く環境への負荷を短期間のうちに増大させてしまい、多くの人たちが、そのことに疑問を感じつつも目を伏せてきた競争社会の厭らしさから、抜け出すことは容易ではない現実に、日々悩まされ続けている。皮肉に表現すれば、この点こそ人間臭さを裏返して表現する、象徴的側面ではないだろうか。

　その対処方法の一つでもある、公的機関のリーダーシップにより、これら負のサイクルを断ち切るため、ＳＤＧｓのようなスローガンが注目を集め、真剣な取り組みが官民挙げて増加しているのは、強い危機感の表れといえるだろう。もしくは、新たなビジネスチャンスづくりの時流に乗り遅れまいとする、相も変らぬ先行意識としての表現手段なのだろうか。それよりも、これらの動きは、組織体や生物が生き残るために必要とする、自然環境を壊さないまま科学技術の飛躍的発展に期待し、新たなエネルギー源の発見や新素材の発明など、これまでにない創意工夫によって苦境脱出の糸口を見つけ出す序曲なのだろうか。

もちろん、自然環境維持に関する方向性は、ＡＩ時代の到来により必然的に前進するとしても、短期間に全面的に対処できないことは間違いないだけに、意識変革と制度改革を含めた取り組みが、ますます重要視されるのは必至でもある。それにしても、対象となる海洋資源、自然環境と生態系保護・回復、さらに森林保護や農業革新、ベースとなる水資源等々、多岐にわたる重大な課題は、日常的であると同時に無条件の可能性と再認識が必然である。加えて、宇宙空間をも包含した資源の永遠の確保と多様性の保持により産出される、驚異に満ちた自然環境の変化に期待を重ねる方向転換こそ、物質全体「否」地球環境が待ちわびている静的な期待値ではないだろうか。

4　人を生かす共生モデル

再度、人を生かす方向性について取り上げてみたい。

人は誤った判断のせいで貧乏になるのではない。貧乏だから誤った判断をしてしまうのだ──。資本主義の潮流は否応なしに不平等へと向かうために、市場を富裕層だけでなく万人のために機能させるには、多面的な側面から不断の警戒が欠かせない。また、近年のペースで富の集中が続けば、資本主義の崩壊を招きかねないからである（『1％の富裕層のお金でみんなが幸せになる方法』クリス・ヒューズ著、桜井祐子訳、プレジデント社）。これは、フェイスブック共同創業者の一人である著者が、学生時代に仲間とともに考案し、3年間で上場にこぎつけ、自身の個人資産が550億円と、一躍資産家に成り上がった経緯を紹介した書物でもある。そのことで著者は、むしろ現代社会の不合理性を痛感して退社し、現在は起業サポートや貧困者救済活動の呼びかけなどを行なっているという。また、同時に格差社会に対する不信という純粋な思考の持ち主でもあり、利益だけを追い求めている多くのアメリ人が頭に浮かんでしまう中で、まともな問題認識の強い持ち主であり良識家であるがゆえに、稀に見る安堵感を与えてくれる一人でもある。

時として、銃の乱射などで世間を騒がせるアクシデントに見舞われても、それを修正する穏健派が一方に必ず存在する、懐の深いアメリカ社会の一端に救われた思いがする。もちろん、その一方で、本能的に差別意識をもつ人が多いことと、その一部が過激な行動に走る社会的風潮が気にかかる。世界一のハイテク牽引国でありながら、現在でも、神の存在を信じている人の割合は、世界で一番高いらしい。この思考矛盾こそ、国土が広く多様性の混在を受け止めることができ、かつ、国の生い立ちと生き残るために挑戦する行動力、さらに意外性と懐の深さに結びついているのではと、推測することができる。

この著者によると、アメリカではこれまで貧困層の救済法案が、議会で何回か審議されてきたが、最終的に否決されてきた経緯があるという。いわゆる「保証所得制度」と呼ばれるもので、イギリスや日本における、生活保護制度と同じような仕組みであるらしい。過去にもそんな動きがあったというだけでも勇気づけられるが、富裕層の壁を破るのは容易ではない難しさが垣間見えてくる。これらの提案に関連して、次のような視点も見落とすことはできない。

●世界には8億人の飢えた人々がいる。一日25セント程度で発展途上国の飢えている人ひとりを食べさせることができる。
●年間7000億ドルほどで地球上の飢えている人全員のお腹を満たすことができる。

ともかく、こんなに多数の人が、貧しさや飢餓にあえいでいること自体、そこから前向きな意識は何も生まれない実態が明らかにされている。食べ物を栽培したくとも、農地は痩せ、人心は殺伐として殺し合いが頻発し、略奪や窃盗など冷静さを見失い、争いが繰り返されている。そのため、先行きが見通せぬまま目的意識も忘れ、その日暮らしの悲しさに耐えなければならない、非生産的で悲惨で悲しき構図といえよう。その大きな理由は、率直なとらえ方として、地球上に人が増え過ぎたからなのか、地政学的な自然環境の変化なのか、政策の貧困さなのか、本質的な打開策を見つけ出せない苦悩の連続状態が、脳裏を絶え間なく去来する。それに引き換え、豊かな国から、日々廃棄される食料品の多さに驚かされ、そうかといって、世界的に農地が足らないわけではなく、しかも、過剰に化学肥料を施すために、農地を荒廃させ栄養価の低い農産物が市場に出回る悪循環を引き起こす現状から、容易に脱却できないでいる。いわゆる、先進諸国病に陥っている国々の現状が、無意識的に覆いかぶさってくる。さらに、資本主義体制の進捗状態の相違や、豊かな国と貧しい国の偏在に加え、地理的条件の違いによる気候上の要因なども重なり、解決すべき課題への対応を一層難しくしている実態が見えてくる。

しかし、人類に課せられているこの大きな難問を、将来的には何としても解決しなければ、いつになっても前進できず、哀れな経緯しか残せなくなってしまう。そこには、科学技術の裏づけによる技術革新の進歩が、大きな支えになり、同時並行して、デジタル革命による変革が重要なカギを握っていることは、すでに述べてきた。少しの光明は、これまで不可能としか考えられなかった新規事業や農産物の栽培など、誰にもどこにでもストレートに飛び交うネット情報からヒントを得て、成功している事例が、新たな方向性の光を灯してくれている。情報という「共有財産」を最大限活用できる環境が、いつでもどこでも可能にしてくれる。つまり、オープンなビジネス環境が整備され、ヒントと情熱と意欲さえあれば、誰でもアイデアを実行できる機会が容易に得られるようになった状況は、大いに歓迎すべき環境変化といえよう。ときには、シニア層など年齢や経験も関係なく、頭の使い方次第で新たな領域に参入できる、有言実行のチャンスが待ち受けている。今や、どこに住んでいるのかには関係なく、足元に溢れんばかりの情報が満ち溢れていて、スマホ一つでビジネスを展開できる事例も後を絶たなくなり、かつてない夢を膨らませてくれている。このまま、誰もが自力で蘇生できる環境が拡大し、大きな奔流になることを願うばかりだ。

もちろん、流れとしては、産業革命以降も同じような進化を繰り返し積み上げ、人々の期待を超えた実績と成果を残し続けてきた歴史がある（世界大戦時は別にして）。しかし、それらの動きを覆す意識が着実に浸透し始めており、従来の常識や伝統的産業のあり方さえも否定し、新たなビジネスモデルの構築へと進んでいる。その前提となるのは、人とロボットなどハイテク機器との共生を目指すのか、それとも、しばらくの間は人間中心であることには、変わりはないのか。もしくは、これまでどおり人間主体で対処しようとしているのか、当分の間、議論が分かれる難問でもある。ただ、ＡＩ現象の捉え方の難しさは、影響力の大きさが半端でないため、一気呵成に答えを出すのは困難であり、かなり先々に方向性が浸透し定まる社会的現象と考えられ、現時点においては、先行する動向を十分意識しながらも、常に人を中心に据えたビジネス活動の姿を追い求めることのほうが、賢明な選択肢であることに期待を込め、かつ健全なる夢として進展することを願うばかりだ。

もう少し史的経緯を振り返ってみると、企業経営とは、正当な利益を上げて社会に貢献することであると、つい最近まで、そんな経営者が公然と発言しても長いものには巻かれるとの言葉どおり、長時間労働を強いられ体調を悪くしてでも、目標達成のため受け入れざるを得なかった劣悪な労働環境の実態は、時代性も手伝い、長い間、負の遺産として黙認されてきた経緯は、薄らいでいくばかりである。資本主義を語る上で最大の要件とは、出資者である資本家・経営者の存在があり、継続して利益を上げることで、再投資し事業を持続させることができること。もちろん、提供する製品がユーザーに受け入れられなかったら、当然経営は維持できない。この当たり前のことを経営側は実行するために、労働力を機械のようにフル回転させ、成果を上げるために腐心してきた。この意識の前のめりの強さが、労働者の能力を伸ばすことよりも、長時間労働と指示命令に従わせ、是が非でも計画予算を達成することに執着せざるを得なかった、盲目的な経営管理の歴史がある。だが、大部分の要因は、企業経営に関する未熟さと時代的背景に由来していることも斟酌しなければならない。

それ以降しばらくの間、その残滓を簡単には消し去ることができず、経営維持を優先するため繰り返されてきた。ただし、労使間の共通の願いであった生産性向上により、少しでも労働条件を改善させ救いの女神になったのは、いうまでもなく技術革新の積み上げによるものであった。労働条件の改善や社員の教育訓練、人材の登用などを可能にしたのも、オートメーション化やたゆまざる業務改善と経営手法向上などによる、相対的労働生産性向上に結びつけた経緯も、追加的につけ加えておく必要がある。そんな経過を経て、それから２００年足らずで、これほど産業全体の大飛躍に結びつけたことを、誰が想像できただろう。

しかし、能力主義や評価主義優先のシステムは、限界というよりも人的能力の有効活用というテーゼからして、明らかに貴重なエネルギーロスを生み出していることに気づき、修正せざるを得なくなった。また、組織エリートの育成や上司の見立てばかりに関心が集まり、個々の能力を教育訓練や現場教育など時間をかけて引き出す育成方法は、短期競争の積み上げを基本とする企業組織の宿命からして、本質的なところで保守的で形式的になりがちとなり、かつ可能な限りコスト削減に走る意識がつきまとうだけに、大胆な改革を断行するのは容易ではなかった実態が、結果的に長い間、持ち越されてきた。つまり、改革も進化も、何らかの刺激的プロセスなしには変化は生まれない。しかし、そこには常に、成功か失敗かのジレンマを乗り越えることができたプランだけが、日の目を見る厳しさが待ち構えていたことも、忘れることはできない。

これまでにも、人手よりもロボットやセンサーなど人工生産手段の飛躍的向上により、産業活動全般の様相を様変わりさせることができた。もちろん、その演出者はいうまでもなく人であり、さらに、今後50年以内には、人対人工知能というダイナミックな対抗勢力勃発の予測はともかくとして、何らかの社会的・生産活動に関わる人々の能力を、有効活用する仕組みの確立が新たな課題として浮上してきている。また、働く環境が劇的に変化する時代であっても、組織における人の有効活用を促進する、充実した仕組みを追い続ける試みの必然性は、将来にわたり止まることはないだろう。

ともかく、これまでのようなパターンの繰り返しでは、人の能力や特質を見分けることの難しさから、複雑性と多様性、そして情緒性を持ち合わせている個人に光を当てようとしても、一筋縄で対処できるものでないことが、一層明確になってきた。つまり、学校秀才と実践能力とが一致するほど「単純なモデル」では当てはまらないことが、意外なことに、産業の成熟化や競争関係、そして外部環境の推移によって、一層明白になってきている。このままでは、時代のニーズを先取りし、競争社会を乗り切ることが困難になるばかりであることを、リーダー層が気づき始め、フェアな競争環境と人的資源の自由で働きやすい環境を整備せざるを得なくなった実態が、次第に透けて見えてきたことで、否応でも転換を余儀なくされる流れが加速化している。心配なのは、長い間、島国文化をひたすら掘り下げてきた国内事情を、国際化の波に対応させる難しさが織りなす評論家まがいの試案にどのように対処できるのかということだ。

翻ってみると、人は、誰にも公平性と自由、そして持ち味が異なることが大前提であり、そのことを見失い、画一的で没個性的傾向が初等教育中心に重視されてきた歴史がある。しかし、社会生活において期待されるのは、知識の豊富さよりも知恵・思考力が優れており、とりわけ、産業界のように変化が速く競争相手との競争関係に勝ち残るため、欠くことのできない能力の持ち主を必要とするのは必然の流れであり、そこに、個性を生かし、自律的で独自の能力を身につける必然性が浮上してきたことである。この点は、意外にも、物理法則にも適うことであるらしい。ここで、物理法則が出てくるとは予想していなかったが、その論点を推し進めてみると、個の持ち味を吟味し、長い目で判断するのは容易ではないとはいえ、誰もが何らかの特性の持ち主であることから、その力を、社会の共通財産としての有効活用と受け入れ態勢へと積極的に転換し、コンセンサスづくりを急ぐ必要性を、いみじくも示唆している。つまり、人の能力を、単純なモデルで区分けし差別化するのではなく、最大限有効活用する意識転換こそが、国際的競争を乗り切る必須条件である流れを、時代的趨勢として気づかされ、ステップアップに必然的につながると解釈することができる。

となると、チャンスはどこにでも転がっているものであり、やる気と意思があれば誰もがチャレンジできる。つまり、個の能力を自由に積極的に発揮できる社会体制こそ理想的な形であることに、図らずも行き着く。これまでは、その芽を潰してきた可能性が高いこと、もしくは、既存のパターンにとらわれすぎて、組織としての形式を優先させ、個々の能力を生かしきれなかった反省点が浮かんでくる。もちろん、時代の趨勢や社会的ニーズ、また、偶然性や運不運なども大きく関係することは、自然現象と同じく避けることはできない要因でもあるのだから、事実として行動に移し挑戦してみるしか、有用な方策にたどりつくチャンスは見つけ出せない理屈になる。

ただし、避けたいのは、保身のために形式的な原理原則を前面に出しすぎ、杓子定規的で余裕のない対応である。ことの本質を見失う危険性に気づかず、マイナス要因を拡大させ柔軟性を欠く結果を招くのは、これまで何回も繰り返し経験してきたパターンだけに、何としても避けなければならない。でないと、思考の客観性が生まれず、生産的でない意思疎通、さらには社会的・人的エネルギーロス、経済発展の停滞など、もろもろのマイナス現象や社会的欺瞞にまで波及し、健全な生活環境を維持できなくなる危険性を抱え込むため、大いなる反省点としたいものだ。

とくに、経済活動を支える企業経営を持続的に活性化するためには、個の能力や発想力を高めることからスタートするのが最善であり、その答えは、国際競争の波に揉まれながらも、それなりに対処できる可能性に結びついていく。とくに、それぞれの個性を殺すことなく、持ち味を自由に発揮して楽しく働ける、そんな環境が羨ましくなってくる。長時間労働や有休休暇も満足に取れない状況下では、働き方改革などと理想論を叫んでみても、満足のゆく成果を実現できるわけがない。本人が承知の上で単純労働でも満足しているのと、強制的な指示命令にひたすら服従させられるのとでは、その落差の大きさは比較できるはずもない。

大は小を兼ねるとばかりに、頭数だけそろえて個の能力を評価せずに単純労働を押しつける、狡猾で度量の小さな上司に仕える悲劇的ケースは歓迎されるはずもなく、むしろハイテク化を活用し乗り切る処方箋こそが確かなツールになるだろう。中には、もたもたしていても、運がよければ、粘り勝ちで突然、幸運が舞い込むこともあるから、悲観してばかりいないで、真面目に仕事に励み実績を積み上げていけば、予想外のステップに恵まれる確率は高いだけに、断定論で区分けすることの弱点を転換する必要がある。また、予期せぬ偶然性は、誰にも予測できないからこそ、意外性の楽しみが降り注いでくれる事例もあり得るが、棚から牡丹餅は、あまり賢明な策とはなり得ない。

それよりも大事なのは、企業組織を支えてきたのは人であるのは明白なのに、そこに知能ロボットの参画が現実味を帯びているのに、そんなことは、夢物語だといわんばかりに従来型の手法を優先させようとしても、通用しない現実が周囲からひたひたと迫っていること。経験論を振りかざしてやり過ごそうと、呑気なことをいっていられなくなった状況変化が、意識転換を加速化させ、次善と思われていた対応策が現実化を迫っていることが、その証になっている。また、配置転換や人員の削減、もしくは、現場の集約や新規採用者の減少等々、先を争うような雪崩現象が見受けられる。このように、これまでとは様変わりした競争環境が多面的で複雑化し、そのうえ流動化も速いだけに、これまでのビジネスモデルが通用しなくなり、対応策を急がないことには、立ち位置を見失ってしまう怖さが滲んでくる。まさに、迫りくる激震を乗り切り、サバイバルするための戦略転換へと、産業や業種の区別なく、もちろん社会全体としても舵取りを急がなければならない厳しい現実が、押し迫っていることが見て取れる。

同様に、これまで聖域とされてきた産業も、いつまでも順風満帆とはいかず、従来とは様相が大きく異なっており、高度で別次元の対応策を早急に盛り込まなくてはならないのに、目先の体質改善に苦慮し、あたふたしている現実が特徴的でもある。これらの動きは、すべての産業に影響を及ぼす大波が押し寄せる、異例の事態といえるだろう。ともかく、恥も外聞もなく先手必勝で対処すべく、これまでにない異次元の経営戦略を立て直さなければ、置いてきぼりにされる危機意識が交錯し、また、マスコミ情報等にも煽り立てられ、産業分野に関係なく経営層は対策に大わらわである。ときには、神風の到来で自分たちだけは何としても助かりたいとの心情も、見え隠れしているのではないだろうか。

それだけに、従来型のビジネスモデルや人事管理方式では対応が困難であることが一層明確になり、多くの未知の不透明感を感じ取っていることから、影響力の大きさを認識できるだろう。アナログ時代のように、既存の知識に手を尽くし努力を重ねれば、なんとか乗り切れた時代とは進化レベルの違いが、ここに如実に現われている。むしろ、初めての未知の領域に突入することへの、予知感覚ともいえるだろう。いやむしろ、知能ロボットや情報通信革命による変化の凄まじさと、破壊力の激しさとでも言い換えることができよう。そこには、巨大化されたグローバルな地球規模経済への拡大が、さらなる経済格差と貧困の厳しさを生み出し、この時代にあってはならない差別化という現実に直面している悲しさに、対峙しなければならない一面も覗かせている。また、経営経済分野で次なる体制へ移行するためには、新たなマネジメントシステムやコーポレートガバナンスの刷新が急務となり、さらに、この変革のタイミングを生かし、柔軟で変化対応力のあるバランスのとれたビジネスモデルを確立しないことには、千載一遇のチャンスに乗り遅れ、新しい波に吸い込まれる危険性が倍加してしまう。

さらに踏み込むためには、むしろ、ＡＩ社会の到来が救いの女神となり、新時代に求められるフレキシブルなシステムを構築する、またとない絶好のチャンスとして積極的に活用する態勢を確立しなくてはならない。たとえば、社外取締役の導入も当然であるけれど、それだけでは効果はあくまで限定的である。外部の知見の導入や不正防止などには、ある程度、役立っても、主体性は当事者側にあるのだから、経営の根幹課題まで期待するには無理がある。そこで、ここからさらに踏み込めば、最後は全員参加型の経営システムへ舵を切る絶好のチャンスとなる。独自の経営システムを構築し、自主的全員参加型の運営方式を柱に据え、企業独自のオリジナルな組織体制を確立したい。そこには、人的資源を有効に活用すること、つまり、流動性認識も含めたメンバー個々の力を自由に発揮できる体制強化と、人工頭脳との協力体制を通じて、新たな実現可能性が開花する明るい材料となり、その流れに迅速に対応し、他の企業にない領域を切り開いて時代の要請を先取りし、有意味な組織運営ができるようにしたいものだ。

同時に、人が務めなければならない責務と人工知能の守備範囲がオーバーラップし、これまででは考えられなかった新次元の機能処理が可能になったこと。もしくは、日々前進している人工知能との守備範囲の向上により、無限というべき可能性が生み出されると、推測できるからである。また、社会的影響力の大きさも半端ではないだろう。良くも悪くも、その大海原に人類は泳ぎ出しているのだ。これも、時代の進化が生み出した方向性なのだから、勇気を出して泳ぎ切るしか、宇宙空間から目の前を明るく照らしてはくれそうにない。それでも、時代は留まることを知らず、人にも優しくしてくれる保証はどこにも見当たらない。まして、外部の専門家に頼る、責任逃れの体質からは解決策は見えてこない。

ここには、平等主義への道筋がはっきりと見えてくる。つまり、新たなビジネスモデルとは、少数の先発起業者による支配ではなく、人工知能を加味した指数関数的とまではいえなくとも、人のもつバイオリズムやドーパミンに倍加された総合判断力が付加され、より効果的で融通無碍（ゆうずうむげ）な運営方式が、浸透していくととらえることができる。つまり、メンバーそれぞれが自由で働き甲斐のある、しかも強制的ではなく、もてる能力を存分に発揮できる組織こそ、新時代のモデルであり、人の能力を尊重し、最大限発揮できるシステムとして採用されるだろう。もちろん、「利益至上主義よ、さらば」でなければ、本来的な意味をなさない。差別意識ではなく、泥臭く性善説を信じることが成果に結びついていく。

翻って、人は、指示命令で動かされることを嫌う動物であり、たとえ自分が未熟だと感じていても、頭から指示命令されることを好まない感覚を持ち合わせている。エリート意識が強いとされる高学歴エリートには理解できなくとも、本来の知的エリートとは、生涯にわたり絶え間なく努力を怠らず、積み上げ、自己研鑽し、体験を通じて客観的な判断力を磨き上げることのできる人を指すのではないか。だから、人生は長くも短くもあると感ずる差とは、人それぞれの受け止め方と持続性が異なることから、派生していると考えられる。明らかに、学生時代と社会人として過ごす年数の差は、埋めようのない違いがあり、むしろ、その後の努力の持続性こそが、本質的なエリートらしき人との差異として体現される成果と考えられる。

ところで、ここまで便利な時代に突入しているのに、毎日のように、引きこもりに関する情報が報道されているのは、変化の速さに馴染めない人、もしくは、コミュニケーションは携帯端末一辺倒となり、周りも個人主義が蔓延して他人を思いやる意識が希薄になり、気の弱い人はそれについていけず、仕方なく自分の殻に閉じこもりがちになる。さらに、親の期待に耐えかねた積年のうっぷんが爆発し、人身傷害など震撼とさせられる異様なアクシデントが増加している。また、多くの人は本質的に個性的で自由でありたいと願っても理解されず、あるいは、生まれつきの体質や幼児期での生活環境などのギャップを認識されないまま成長し、その反動の大きさが、予想外の事態を引き起こす要因になっていると考えられている。

個人のもつ能力には、それほどの差がないはずなのに、ほんの少しのズレ・ギャップが人生を明るくしたり暗くしたりする。それだけに、完璧を求めるのではなく、おおむね良好、もしくは適度であれば容認できるゆとりがほしい。惰性的繰り返しや油の切れた機械は、やがてパンクするのは目に見えていることを見落としてしまう。それでも、企業経営者からは、経営とはそんなに甘いものではないと、鸚鵡返しに反論されるだろう。しかし、だからこそ、異質の能力を受け入れ、これまでの閉鎖性を逆手に取り、切り捨ててきた能力を活用し、新たな発想に期待する転換点にしたいものだ。リーダーとは、相手を追い詰める前に、自己反省が先にできなければ本物とはいえないのだから。

新しい革袋には新しい手法が理想的なのだが、それ以上に、昨今の進化の様相は明らかに状況を異にしている。このような、競争に明け暮れる動きは、本質的には歓迎はできないものの、次元の異なる進化社会への願望は断ち難く、虎視眈々として待ち受けている状況には、それなりに対処しなければならない難しさだけが残ってしまう。それだけに、古い手法に固執するのではなく、誰にも簡単には読み解けない異次元のストーリーが待ち伏せていて、それに対処するため進化していくのだと信じたい。そんな端境期を、それなりに乗り切ることで、新たな希望の道が開かれていくことこそ、あるべき進化といえるだろう。新型コロナウイルス禍による影響は、地球全体に大きな反省の機運をもたらした事実は長く記憶に残るだろう。とりわけ、ビジネス活動に関する取り組みや反省点に重大なヒントを提供してくれたともいえそうだ。まさに、人としての対等性への期待と、今後の社会生活に強烈な反省点を呼び戻してくれた事例でもある。

5　流れと進化

2019年5月4日午後3時ごろ、都下三多摩地方に突然雨が降ってきたのかと思っていたら、いつもとは違うコツンコツンと屋根を叩く連続音がし、不思議に思い外を覗いてみると、見たこともないような大粒の雹（ひょう）が降り落ちていた。しばらくして降りやんだのでガラス戸を開けてみると、道路や畑に大粒の雹が大量に降り積もり、雪化粧と勘違いするほど白く輝いていたのには驚かされた。季節外れの雹が、これだけ積もったのを見たのは初めての経験であり、前年の台風21号のときにも、かつてない強風を味わい、雨漏りがした家も多く、自然現象の怖さをいみじくも体験し、突発的ではなく頻繁にやってくる不気味さを連続して体験してきた。だが、こんな体験を何回重ねても、しばらくすると、のど元過ぎれば何とやらで、ほとんど忘れてしまう愚かさの繰り返しであり、だから大災害に何度、遭遇しても、しばらくすると何事もなかったかのように忘れ去り、危機意識が忘却の彼方へ消えていく。

これは、淡泊な国民性だからなのか、国際的にも災害大国として被災が多すぎるためなのか、だとすると簡単に修正できるものではないだけに、それなりに開き直り楽観的に受け止めるほうが、精神的にも安心感を与えてくれるのでは、と考えたりする。果報は寝て待て、ではないが、何ごとも、神経質になりすぎるより少しラフなほうが、長い目で判断するとプラス思考の作用に働き、前向きな結果につながると感じるのは、体験したり意識したりを重ねた、多くの経験則からくるのだろう。経営に関する原則論も、流れに対応できる振幅性をもたせ、それなりに次の手を意識していないと、時代のニーズに乗り遅れてしまうから要注意だ。

また、健康管理も、杓子定規に医者通いと薬依存症になるよりも、細胞本来の活性化を信じ自律的治癒に任せる必要性が、体にとっても好ましい成果につながると、体験的に感じられるときがある。医者通いも、高齢者になると試験台にされたりして、むしろ悪くなることもあるから、その自己判断ポイントが難しい（医学や生物学の研究成果は著しいものがあるが、個々の対応となると効果に違いが出るため、結果判断は難しいし、一般論と個別対応の見極めはさらに難しい）。結果として、医療費の増大を抑制する手助けにもなり、余分なコスト削減やもろもろのエネルギーを減少させる成果も期待できるだろう。毎日、何種類もの薬を服用している人は、多くの在庫ストックを抱え、悩んでいる例が多いことだろう。

ともかく、これだけ地球上の各地に突発的で甚大な自然災害ニュースに接していると、従来の正常レベルの状態を忘れてしまい、異常な状況が増えても不感症になったり、あたふたしなくなったりするから、慣れとは恐ろしいものだ。そんなときにこそ、新たな災害が押し寄せる確率は高くなるから油断は禁物だが、何ごとも完璧な人など存在しないのと同じく、適宜対処するしか解決策は考えつかない。しかし、半歩進めて、流れとは進化であるとの説を受け入れるとすれば、自然災害発生もこのケースに当てはまり、前倒しの予防対策を進めることや環境汚染につながる行為の禁止を積極的に推進することも大切な流れであり、前向きな対策一つであり、進化と考えることができるだろう。

これだけ時代が進んでも、進化論となるとまたしてもダーウィンとなるが、生物の進化とは、生命を維持するためには環境に順応し、とにかく生存競争に勝ち残り、命の循環を子孫にバトンタッチすることが、重要な使命であることに、原則的にも何ら変わるものではない。とくに、自然環境に適応し、少しでも有利な条件を確保するには、あらゆる手段を尽くし全力で対応策を見つけ出すことが、必須の条件であることに異論を挟む余地は見当たらない。今この瞬間に命をつないでいる生物は、そんな過酷な条件をリアルにクリアしてきた適応者でもあることは明白であり、それだけに、命の尊さが一層身に染みてくる。ただし、勝者だけが力が強いわけではないところに、偶然性や生命存続の不可思議さが伝わってくる。並行して弱者論も捨て去ることはできず、何ごとも、偶然や運に導かれ予想外の事態が起こるから、最後まで諦めないことへの強いメッセージとなるだけに、意外性や多様性への夢が膨らむ期待感も無視できないものがある。

自然災害などに関して、天の神は、どちらに味方するかは誰にもわからない。しかし、現象的に宇宙からの重力や物理法則に沿った天候などの動きに、随所で助けられていると理解するほうが、正鵠を得ているといえよう。つまり、強くて大きいものが、いつか突然崩れるかどうかは予測不能だとしても、物事は宇宙からの共通現象に左右されて変化しており、特定現象だけに例外事態が適用されることはなく、万物に公平に適用されていると受け止めるのが、原則的な理解であるからだ。形こそ異なっても、ビジネスの世界も同じような現象が、時折、発生しているように感じられる。大きな組織だからといって、いつまでも勝ち残る保証などあり得ないし、永遠に続くことも考えられないのと同じ理由で。

ただし、大きくなりすぎて公的機関が政策的に救助の手を差し伸べるケースは、人為的で便宜的行為なのだから、例外的なケースでなければならない。アメリカでさえ、それまで、独占禁止法で特大企業の分割等を厳しく勧告してきた流れが変わり、人的激震となったリーマンショックの際に救済された事例などは、それまでの方針とは大きく変質していることが読み取れる。巨大企業ゆえの影響力の大きさに、アンフェアなのに背に腹は代えられなくなったのか、時代の変化がそうさせたのか、資本主義体制の限界を垣間見たのか、理由づけは、簡単には言い尽くせないまま、そのときの思惑が先行し対処されてきた。ここにも、物事は一義的に処理できない、政治や規則のあいまいな手の内が見え隠れしている。しかし、根底に流れる思想には、大小に限らず時の原則論が適用された、融和論と受け止めることができる。言葉を換えれば、良くも悪くも、人間社会の限界的進化論の一つの流れと注釈できるだろう。

少し観点を変えて、ヒト発生の出発点である受精卵は、他の細胞よりはるかに大きく、直径およそ0・1ミリであり、その細胞が順次分裂し言葉を操る生物に成長するまでを解説した珍しい書物（『人体はこうしてつくられる』ジェイミー・A・デイヴィス著、橘明美訳、紀伊國屋書店）が出版されている。部外者が読むには少し苦労するけれど、人体がこんなプロセスを経て、一つの微細な細胞から順次個体として全身にまで生成するパターンの大枠を覗き見ることができ、その神秘さに少なからず興奮させられる。そして、改めて人体を支えている細胞の働きの重要性を教えられ、また進化生物学や、医学的な研究や分析がここまで進んでいるのを知るにつけ、研究者の緻密な努力に頭が下がる思いがする。同時に、これだけの研究内容に触れることができた、インパクトとショックは実に重いものがあるが、生命が細胞の働きにより生まれ育つプロセスと偉大さに、改めてただ感動するばかりだ。これこそ、生命誕生の進化モデルとして、累積的研究成果がもたらした貴重な財産であることを学ぶことができる、感動的な書物といえよう。

生物にとって細胞とは、なくてはならない存在でありながら、日常的に目にすることは部外者にとってほとんどないだけに、改めて厳然たる主役であることを思い知らされ、無条件で尊敬の念を抱かざるを得なくなる。むしろ、生物は細菌や細胞に支えられてこの世に存在している事実と、不可分の関係にあることが次々と明らかにされ、釈明の余地が見当たらなくなる。人体に関しては、研究が進めば進むほど新たな事実が発見され、とくに医療分野への対応策に関して、著しい進展が見られ驚くことばかり。疾病に対して受け身であったものから、予防医療へと進み、さらには、遺伝子の組み換えや延命治療などへと、限りなく細密で精緻な道が開かれていくことだろう。ここにも、医療技術の躍進が感じ取れる。

また、体内における、複雑な役割や分担機能、そして、脳と大腸が担っている指示命令に関する重要な働きなども、次々と明るみに出されている。とくに、脳がなくて大腸だけでも生きている生物の存在など、驚きを禁じ得ない。その一方で、幼児期におけるほんの些細なズレや医療ミスなどが、成長してから大きな障害を引き起こしたり、ときに天才的能力の持ち主であったりする。まさに、人智では計り知れない予想外の現象を、先端的研究成果として目の当たりにする機会が、日々増している。このことは、人にとって不運なのか幸運なのか、もしくは重力や不確実性、偶然性の重なりや複雑性の増大であるのかは、現状での判定は限りなく困難だ。いずれ、生命誕生の謎が大幅に解き明かされるときがくるとしても、それでも、その時点における経過理解にすぎない流れは変わらない。

さらに、今度は物理学者による進化に関する考え方を覗いてみると、進化とは、「最適化という自然界の無敵の力を働かせる駆動システムである」としている。また、時間の経過が変化であり、進化は決して終わらない。同時に、すべては流れの中で起こるものであると説いている。しかも、すべての事柄は、物理法則で説明することができ、さらに、物理学は万能であると捕捉している（『流れといのち』エイドリアン・ベジャン著、柴田裕之訳、紀伊國屋書店）と、実に多岐にわたる事象を、自信満々に説いているのには驚かされる。少しうんざりさせられる分、なかなかの自信家のようである。やはり、この説から推測すると、進化に対するとらえ方は、それぞれの分野ごとに解明され発信されたほうが、内容理解が深まるように感じられる。ただ、物理学は万能とは行き過ぎであり、すべての現象が物理的解明だけで納得できるはずもなく、物事はもっと複雑な構造のもとに成り立っているのであって、特定分野だけで結論づけるのは不遜といえるだろう。また、数学の分野からは、最後は物理学を超えて、数学で締めくくるのだと公言している論者も間々存在するから、さらに始末が悪い。外部の人からすれば、有難迷惑であり、むしろ反発を招くことだろう。全体があって個があるわけでも、その反対でもなく、相互の関係性こそが進化の素であり、しかも専門分野ごとに分化しているのは、細分化のレベルからスタートした流れが変化してきたことの証でもある。

ところで、すべての事態が変化することを、流れと理解することは可能だろうか。たとえば、大が小をのみ込む現象はどんな場面にもみられるものであり、川でいえばアマゾン川やミシシッピ川のようなケースでも、最初から大きいわけではなく、必ず源流があり、さらにたくさんの支流が集まって大河となるのであって、忽然と大河が姿を現わすわけではない。大きな森も全部の樹木が大きいのではなく、小さなものから中間のものまでさまざまな種類の樹木により構成されている。これを、企業にあてはめてみると、主力産業は大手数社が突出した大企業であり、その下に取引先や関係企業が存在する構図が、現在のところ一般的な形態でもある。このケースは、人為的である分、自然の摂理に沿った現象とは、厳密には違いがあるのが当然であり、そこに人間関係や競争関係と戦略的な側面が加味されたりするから、比較するのは無理があるとはいえ、現象的には同じような動きととらえることができる。つまり、大企業が吸引力を発揮して業界をリードし、産業界を盛り上げる役割を担っている点では、作用としては、人為的なのだけれど相似的であると言い換えることができよう。

しかし、大きくなりすぎて独占形態が続くと弊害がみられるようになり、やがて何らかの競争関係に晒されたり、逆に新たなビジネスモデルが生まれたりして、どこまでも、安定をむさぼれる保証など、見当たるものではない。しかも、今や国境を越えた事業拡大は当たり前であり、ネットワークを通じた情報システムで簡単にコントロールされてしまう。将来、量子コンピュータのようなスーパー計算機により大枠を管理する時代になれば、新事実が次々と発見され雲行きが大きく変わることだろう。つまり、大が小とタイアップし、不可能だと思われてきた事柄が解明され、機会均等のチャンスが巡り、成否の判定が容易になり、正しい秩序が形成される方向に、向かうだろう。そして、物事に関するスピードと質的変化が生み出す、新たなパターンによる勢力図が形成されていく。

もしも、進化とは一つの流れである、と考えるならば、企業の大小もその範疇に入り、大きくなりすぎるとむしろ弊害も増加し、やがて、分散され適度の大きさの企業規模に収斂していく可能性が高くなると思われる。ただし、流れとの視点で判断すると、小さな川は降雨量が少なくなると水が干上がったり澱んだりするデメリットは、否定できない。また、物理法則による、すべての現象を進化の観点から括ってしまうのは無理があり、むしろ、時間とともに流れが変わり、新たな事象に移行していくことこそ自然現象そのものであり、宇宙現象に沿った動きと受け止められる。その点で、ビジネスマインドも科学技術の発展に呼応して、多様化や複雑性を包み込み、新たな次元に突入する競争環境こそ、進化をもたらす重要な要件であると理解したい。そこには、もはや規模の大小は関係なく、もっと門戸が開放され、自由競争に沿った展開が明確な形で実現していくことだろう。だが、人為的で大きな組織が崩れいく流れは、着実に変化していく。大企業であっても、50年以上持続できる割合は12％程度だとされている。

しかも、ここにも自然環境との調和というキーワードと行動要件が、常時つきまとうことが必須条件になる。また、人という生き物を中心とした産業活動であるところに、曖昧性や流動性などの要因が強く入り込むのは避けられず、原則どおりに進むことなど稀であるおそれは否定できない。それだけに、相対的ロスを極力、避ける動きから、新産業革命、デジタル革命、そしてついには人工知能やセンサー、ＩｏＴなどＡＩ革命へと順次進化してきた経緯が、ますます意味をなしてきている。しかも、人の心という、複雑で抑制困難な難しい要件が加わるため、物理現象や数学の微積分のように、限りなくゼロを追い求め最適解を導き出すことは困難だとしても、少しでも近づけようとする流れが、これらの進化形態の中に随所に見え隠れし、新たな形として集積されていくだろう。

それでも困難が伴い、人為ミスをなくすためのツールとして期待されるのが、人工知能ロボットであり、自動運転自動車であり、高度医療機器や各種の省エネルギー機器など多面的に拡大していくだろう。だが、無人運転の電車が暴走する事故の発生、かたや恐ろしいテロ行為を、事前に防ぐことは容易ではない。産業活動における競争も、ある種の進化ととらえることができるが、資本主義体制本来の自由競争という土俵を踏まえた環境において、資源の浪費を防ぐことは極めて困難であり、進化することで便益的エネルギー消費はむしろ増大し、削減を呼びかけても簡単には実現できない、矛盾的苦しさも否定できない。さらに、先手必勝で競争有利な条件を確保するために、寝る時間も努力も惜しまない開発体制にブレーキをかけること、もしくは、ストップさせることができるのか、残念ながら、その不安は絶え間なく、陰に陽に人間社会につきまとうことだろう。

当面は、人類が自然との調和を最優先させる道を選択したとしても、実行となると、むしろ世界的な紛争に巻き込まれる危険性を捨てきれない。そして、人々の多くは、生き甲斐を失い生気のない毎日を送ることになるのだろうか。しかも、流れと進化、そして成長する基本原則が崩れたとき、すべての夢も希望も理想論も消え去ってしまうのだろうか。もちろん、人類の英知からすると、こんな悲観論に与することなく、むしろ、新たな科学技術による進化こそ、救済の道筋を探り出してくれると、確信するしか道は開けてこない。ただし、科学技術という固い縛りだけではなく、最終的には、人のもつ心のゆとりこそ、意欲的で上質で知的な方向に導いてくれることを、確信せずにいられない。

あらゆる現象は大から小に、重から軽へと流れる。流れとは変化であり成長であり、そして進化へとつながっていく。岩であっても、時間の経過や自然からの風や水などの浸食により、土へと変身する。その流れの形は、概略的現象としてS字カーブを描き、時が経過すると次の動きに転嫁し持続され、留まることなく次のステップに導いてくれるとの解釈が、おおむね受け入れられてきた。もちろん、ビジネスの場合でも、製品のライフサイクル論として受け入れられ、固定的で絶対安定の製品開発や企業の存在は困難との立場に立っている。また、保守的組織は、人心が膠着し覇気をなくし、その場しのぎの意識が顕著になるため、進化は夢となり停滞する運命に晒される怖さが、忍び寄ってくる。優良企業でも老舗であっても、永遠に続くことはあり得ない宿命から逃れる術はない。

だが、むしろ、何らかの形態に変化し、あるいは突然変異により新たなパターンに移行する流れがやってくるから、悲観することはない。つまり、絶えずS字カーブに対応し持続的に成長しようとする現象は、進化の象徴でもあるだけに、避けて通れない必然的傾向として、前向きに受け止めたいからだろう。また、その速度は、技術革新と競争環境の変転に伴って進化し、今後はますますスピードを上げて多様化と複雑化するだろう。とくに、人工知能時代に入ることで周囲の環境は一変し、多様な要素が入り交じり、これまで経験したことのない社会形態が形成され、同時に進化自体の構成内容もレベルアップされ、新たな世紀に向けて移り変わることで、明るい未来の扉が開けていくのではないか。

6　ものづくりと消費者心理

進化といえば、数学こそ一番に論理性を重んずる分野であるはずなのに、そこにも、御多分にもれず、新しい波がきているらしい。たとえば、数学を一つの統合理論としてとらえる数学者がいるかと思えば、次のような提唱が注目を集めているケースも見受けられる。そこには、科学技術自体が多様化し、充実し、洗練されている、どんな数学でも応用の可能性をはらんでいる。科学と技術の関係はすでに横断的で複雑で、一筋縄ではいかないものになっている。応用数学対純粋数学という二分法は、すでに時代遅れになっている（『宇宙と宇宙をつなぐ数学』加藤文元著、角川書店）と述べているように、数学がすべての頂点に立っているとする数学者が多いのに対し、この世界も、その他の科学分野や経済経営分野、生物学や心理学、それにハイテク分野と各種オートメーション関連など、分野横断の融合現象が避けて通れなくなっている状況から、もはや、抽象論だけでは済まされない必然性を、読み取ろうとする意向が感じ取れる。しかも、これまでと異なり、進化という新しい流れを起こそうとする提起に時代性と意外性が加わり、新鮮な響きとなって聞こえてくる。むしろ、数学分野からの稀な社会改革論だけに、予想外のインパクトとなって受け止められるだろう。もちろん、海外からは多くの物理学者による経済や経営に関する鋭い指摘も、今では、当たり前のように飛び交っている時代性も見逃すことはできない。

このような傾向は、当然のように、理系と文系とに大まかに分類されてきた学問分野の潮流も、理系は数学や物理学、生物学や化学など専門性の高さゆえに、その分、独自性と権威的傾向が強くなるのは当然のように思われてきた認識に対して、文系は人的・心理的要因に左右される社会科学分野のため、過去の抽象的特権らしきものを死守しようとする傾向が強く、合理性よりも情緒性を優先しようとする思考が、無意識的で、しかも傾向的に受け入れられ、既得権のような高いバリアを意識し守ることに、集中する傾向が暗黙的に容認されてきた。

しかし、数学や自然科学分野ように、答えが明確に引き出せる分野と、論理よりもむしろ最終的には妥協という対処方法が許される社会科学分野とでは、本質のところで答えの出し方に相違が見られることに、日常的側面ではあまり違和感はもたれなかったことも、関係していると思われる。後者の場合は、無意識的に心情や大衆の声の大きさが圧力となり、事態の流れを決めてしまう怖さから離れられない宿命を抱えていると解釈しても、それほど不合理感をもたれなかった。むしろ、多くの場合、主張の強さが政治的トレンドに影響する傾向が強く、理論よりその場しのぎの妥協案が優先する混合主張の側面こそ、安易に捨てきれないパワーとして現存している状況は見逃せない。

近頃は、このような見解の隔たりも、文理という二つの分野に大別すること自体に疑問の声が強くなり、次第に修正化への声が強くなっている。これまで、専門家と称する人々が権威を高めるために意図的につくられてきた特有の垣根も、海外の動向や価値観を見習おうとする動きになっている点も見逃せない。もちろん、国際競争という無言の圧力や必要論など、見捨てられない要因も関係しているといえよう。

さて、ここからは、直近のビジネスの現場に焦点を当ててみたい。経済活動とは、端的に言えば、通常は作り手と使い手が存在し、双方の間に取引関係が存在することを意味している。つまり、お互いが求める欲求を最大限、満たしてくれることで、よりよい関係が成立する。しかも、一対一の取引環境ばかりではなく、必ず競争相手が存在することと、品質、価格、デザイン、場所、タイミング、相互信頼関係など、さまざまな条件をクリアできなければ、双方が満足できる形で完結することはできない。また、どちらか一方が大規模すぎるなど、力関係に偏りがある状態では、健全でダイレクトにつながる関係は、ほとんど期待できなくなる。それは、規模の利益やコストなど取引条件に関して無言の圧力が生まれ、信頼関係に基づいた本来の取引形態を、微妙に歪めてしまうことを意味している。

その意味では、情報過多時代の取引関係は、意外なところから足を引っ張られる危険性をはらんでいることに、常に細心の注意が欠かせない。また、人間社会は、時代が変わっても一筋縄ではいかない脆さがあり、川の流れのように上流から下流に、自然に流れてはくれない。もちろん、川も大雨で氾濫でもすると、大きな災害を呼び込み、大河ほど通常の流れを大規模に破壊する怖さを秘めている。その点で、ビジネス活動を主体とする企業組織は、関係する人々にとって安定的な事業活動の持続を求めるのは自然の関わりであり、それに耐えられる事業内容を計画的にチェックできる体制を構築し、対処できなければ足元から信頼関係が崩壊してしまう。もちろん、取引先に信頼される取扱商品と事業ドメインがしっかりしていることなど並行して先手を打ち、絶えざる見直しと改善対策とイノベーションは必須の条件でもある。

しかも、絶え間ない情報収集による経営戦略を先行させ、加えて、競争相手の動静や消費動向と嗜好の変化などにも、冷静な目配りが欠かせない。同時に、ビッグデータ活用により企業価値を生み出す手法が主流になっている現状は、柔軟な経営管理システムを確立しないことには、生き残ることが困難になるとの危機感が、あちこちから当然のように頻繁に聞こえてくる。その主たるサポート役は、いうまでもなくコンピュータ主導の計画立案と分析とフォロー体制であり、さらには、人工知能ロボットなどによるコスト削減、省エネルギーを伴うスリム化対策とシステム競争など、絶えず目まぐるしく要求されることは必然であり、そのためには、チェック&バランス体制が万全でなくては対応できるものではない。

今では、経営戦略の中心項目は、コンピュータプログラムにより詳細に設計され管理されているから、業績見通しなども即座にはじき出され、課題分析と対応策も迅速に知ることで、格段に次の手が打ちやすくなっている。従来の企画部門中心で弾力性に欠ける経営管理体制は刷新され、ビッグデータの有効活用と対応策を速やかに行動に移せるシステム化が、業績を左右するカギを握っている。長期経営計画も短期計画も次善のプランを綿密に策定し、市場動向に迅速に対応することも、容易になっている。ただ、国内競争中心に戦略を立案すれば済んでいた時代から、海外の見知らぬ競争相手の参入にも怠りなく備えなければならない難しさは、さらに休むことなく加速化されていく。その分、意欲的で戦略型タイプの人材にとっては、むしろ、やりがいを感ずる展開といえるだろう。

これまで積み上げられてきた経営管理原則も、方向転換の季節を迎えていると表現することが許されるだろう。ここまで、何回となくパラダイムの転換が叫ばれてきたが、それ以上に経営環境は日増しに変化しており、従来型に留まり生き残ろうと画策しても、しょせんはむなしい見通しか得られないことを知ることになる。その中で、さらにベターな計画を立案するには、前年対比の売り上げ予算の増減で済ませられるほど現実は甘くはなく、これまで以上に市場動向を詳細に掌握し、製品の機能充実や迅速な修理体制とネットワーク、末端の消費者の購買サイクルや趣向などを織り込み、市場直結でボトムアップ型による運営体制など、独自の積極策を取り込み、新鮮味を常に訴える取り組みが欠かせない。そのためには、過去の実績にとらわれることなく、複数要因を組み合わせ、複眼で課題解決に対処できる、振幅のある状況把握と柔軟性、人心掌握システムなどを取り入れ乗り切らなければならない。さらに、ＡＩ社会動向の恩恵を先取りし、省エネによる合理化とコストダウンにより、明るい未来を切り開いていく意欲と、日頃の真摯な努力を持続させることで、迅速な対応が可能になり、まともな解答が跳ね返ることで信頼関係が構築されていく。

ともあれ、直近の対策としては、時宜的で生の有効情報と市場のニーズに対応した商品戦略が、生産現場と直結するシステムこそが、激しい競争関係に対処できる基本であり、企業価値向上に寄与し、強い味方になってくれる。もちろん、必要な人材はどこにでも溢れている。問題は、その能力を生かしきれないことであり、リーダーそのものが思考パターンを変え、働きやすい環境づくりに徹することである。さらに、個人の苦労話はともかく、将来への橋渡しと組織の活性化のためには、辛抱強く、かつ個々人の能力を最大限に伸ばす仕組みを定着させることだ。もちろん、個人の能力を偏ることなく活用し、可能な限り公正な評価システムを定着させることにより、全員の士気を持続させることに結びつくだろう。良い会社とは、働く人の意欲が高いことはもちろん、製品に対する評価も高く、かつ、今後、ロボットに代行させられる部分が、順次拡大するとしても、最終決定には、あくまで人と人との関係による人事評価システムが定着していること。そのうえで、組織の成長と生産品の質に影響を与える市場動向を正しく認識し、時代の変化を読み違えない持続的体制の維持に注力し、企業組織を構築するスタンスが欠かせなくなる。

従来、一般的な組織の傾向として、若手社員の不満が充満し、上司に発想の転換を求めても、ほとんど受け入れてもらえないことが多かった。しかし、今やルーチンな業務などはデジタル機器の活用で、誰でも短時間で学び取り、人手不足の時代に対応できるようになり、また、情報の共有も若手のほうが先行しており、上司はむしろ調整役の意味合いが強くなってきているだけに、社内に発言自由な雰囲気が浸透していれば、予想外の発想や新商品開発につながるなど、その効用を上手に生かすことで組織の基盤が自ずと強化されていくメリットは、捨てがたいものになっている。企業文化とは、長年にわたり積み上げられた財産であり、結果的に取扱商品の信頼度にも大きく関係し、組織の成長に貢献してくれる。この流れが、作り手の矜持となるばかりではなく、組織強化につながる基本的要素であることは、あえて訴える必要もないだろう。

ここで、持続可能なものづくりについて、将来の視点からとらえた理想的経営スタイルを俯瞰してみたい。

第一は、何としても、自然との循環的調和を挙げなければならない。自然の恵みの中で生命を授けられ、最後は自然の懐に返っていく。その自然に背き汚染し、気候変動や不順が引き起こされ、おびただしいほどの被害を被っている実態を十分認識し、とくに、生物全体のためにも、自然本来の恩恵を享受できる環境を取り戻す必要がある。自然の猛威は、決して手をこまねくことはなく、その時点の気象条件に基づき、最大の圧力を振りかざし強烈な雨風が容赦なく降り注いでくる。もっとも、地震大国日本は、地震が頻発するという立地条件から逃れることはできないのだが。気候変動には、最終的に人間という動物の生産活動が大いに関係しているだけに、負のイメージを拭い去ろうと決断しても単独ではコントロール不能であり、むしろ防御一辺倒になってしまう苦しさから、容易に解放してくれない。

これまで、いや、今でも、環境にダメージを与えている実態から抜け出すことは容易ではないが、日々の活動全体の大幅な見直しと改革を、ダイナミックに転換させ行動に移し、同時に、科学技術による環境負荷を削減する研究を積極的に進め、懸念事項を取り除くためのシミュレーションなどに基づき、成果を高めることが可能になっている。並行して、国連のような影響力のある機関のリーダーシップと、大国と呼ばれる諸国の持続的関与も欠かすことはできない。

それ以前に、社会環境に重大な影響をもたらす森林破壊は、山を崩し動物の生活テリトリーを略奪し生態系を狂わし、そして、人だけの生活資源に変えてしまっている。かつて、河川に公害物質を垂れ流し、人や魚に甚大な被害をもたらした悲惨な過去を忘れず、大事な教訓として生かさなければならない。もちろん、原発被害も素人には理解できない政策的な深い闇があり、国土の狭い国内では、空気汚染と海水汚染と複合的な被害が、長期間続いている。陸上では家畜類が過酷な運命をたどり人類に搾取され続け、海水は、川からの汚染と魚の養殖が盛んになる分、汚染が進んでしまう。もちろん、養殖技術も大幅に改善されているとはいえ（乱獲や魚資源の減少などを考慮に入れた場合）、天然の魚と比較して、どちらに軍配が上がるだろうか。このままでは、予断を許さない怖さを拭い去ることなどできるはずもない。

陸の上では、農産物の栽培に農薬が使われ、商品への付着や土壌汚染と地下水の水位低下や汚染など、不安要因は改善よりも、むしろ悪化している状況ではないだろうか。なお、国内では、大事な森林の保護政策が、政策面の欠如から頓挫している可能性が指摘されており、農業問題よりも深刻である実態は明らかなのに、素人目にはあまり理解されていない。そこに人手不足や機械化を困難にしている地形など、厳しい条件が重なっているだけに、今こそ腰を据えた対策を急がなければ、将来に重大な禍根を残すことになる。大学や一部組織に専門家の養成などの取り組みが始まっているものの、日常的に身近な山に取り囲まれているはずなのに、むしろ社会的認識も低く情報不足なのが気がかりである。

ここでの素描は、動植物が自然環境に順応した生産活動に移行できることが、基本条件として認識され行動に移されることを、念頭に置いている。とくに人間は、人口増加とこれだけ拡大させてしまった生活環境を後戻りさせることなく、自然回帰に必要な巨大な案件を１００年から２００年という長期スパンで策定する必要性が求められている。その詳細は、今やスーパーコンピュータに任せ基準値をオーバーした場合、ただちに警告が発せられる仕組みなどで、大枠を管理することが可能である。今後は、人よりもＡＩ・人工知能が主体になり、枠組み設定や課題の指摘など、主体的な主導権を担っているだろう。人の記憶力や処理能力では、コンピュータには到底かなわないのだから、任せるしかないのだ。人はその分、将来ビジョンの策定や生活の質的向上など、具体的対策に取り組む時間的余裕と冷静さを取り戻すことが可能になるだろう。

次に、製品づくりに焦点を当ててみると、工場での加工食品の製造過程で、添加物が多く使用されているのが心配の種だ。安くて大量生産する菓子類などにはその手の商品が多く見られ、食べやすく安価な製品が成長期で無防備な子どもがターゲットにされ、腹一杯になれば満足している状態を放置すると、将来にさまざまな禍根を残すことは明らかである。とくに、成人になって余病に苦しむことになるのだから、その点で生産者の意識転換が強く求められる。こんなところにも、ビジネス本位の利益優先意識が丸見えでは、持続可能なものづくりの基本が生かされるはずもない。環境対応の重要性はもちろんであり、日々の生活を支える食品づくりも、食こそすべての基本問題であるだけに、エネルギーやコスト削減の大切さは無視できないとはいえ、不特定多数の人の日常に大きな影響を及ぼす食品問題だけは、万全を尽くし改善するのが生産者としての使命であり、企業とは利益を上げること、などと軽口をたたいて済ますわけにはいかない。もちろん、消費者への意識変革が重要なのはこれまで以上に変わることはない。

そして、競争的コスト削減意識も大事だけれど、まずは健康課題を優先させること。それは、企業としての認識と姿勢の問題であり、現に対応策を実行している企業もたくさん存在するのだから言い訳は通用せず、具体的行動を急ぐしか道は残されていない。最善の対策の遂行と目先のコストカッターとしてだけではなく、健康促進と安全な食品を市場に持続的に送り出すことにより、消費者の信頼が確保され、経営の持続可能な道が開けるのだから、むしろ一石二鳥ではないか。マンションの手抜き工事も、時折大きな社会問題として報じられるが、外見から見え難い構造と知識不足の相手に対して、姑息な精神構造では経営者として、失格の烙印が押されるのは致し方ない。同様に、生産財メーカーの中には、手抜きという表面的には見破りにくいトラブルが露見し、マスコミに騒ぎ立てられ謝罪しても信頼喪失という社会的制裁のダメージは大きく、結果的に高いコストを支払わされ目が覚める感覚では、ユーザーの信頼が得られるはずもない。

そこには、業績・利益第一主義という圧力の前には抵抗できず、少数派の正当論はむなしく敗れ去ったケースが後を絶たない。これらの事態を防ぐには、当事者の意識改革や利用者のチェックを厳しくし、さらに、残念ながら規制の輪を張り巡らせることに尽きてくる。さらに、究極は対象企業の製品をボイコットし、ネット等で取り上げ、情報を拡散する方法も有効だろう。しかし、あるべき本来の姿は、手抜き製品や化学薬品の不使用、添加物をなくすなど、未来からの要求に耐えられる製品づくりができる企業は生き残り、そうでない企業は脱落していく、社会的コンセンサスづくりが欠かせない。つまり、生活必需品の類いであれば、使用原材料情報がコンピュータ解析により店頭に表示され、買い手が自由に確認できるよう義務づけされれば、まがい物の商品はボイコットされ、正規品の信頼度は高くなる。あるいは、モバイル端末で情報をキャッチできるようになれば、不正問題はかなり減らすことができよう。そのくらい厳しくすることで、持続可能な製品づくりが進み、利用者も安心して購入でき、本来的な健康維持にもつながっていく。モバイル機器の出番が認知され、監視の目が強まりオープンな体制への移行こそ、今後のカギを握るのは間違いないだろう。

消費における安心と安全の問題も、つくり手とは常に表裏一体の関係として攻め合いが持続される。農産物や果物を自家栽培するケースや、家畜を育て魚も自分で捕獲するような自給自足のケースは別として、多くの人は、生産者であり消費者でもある。日常生活に戻ると、毎日食事することで体調を管理し健康を保つという大事な手順があるだけに、誰にとっても無関心では済まされない。ただ、好き嫌いという個人ごとに趣向の違いがあるために、万人にすべて対応できない難点が残る。また、味付けの濃淡も、それぞれに違いがあり、食べ方も好みも一様ではない。だからこそ、料理のプロの出番が必要になったり、通まがいの自慢話の情報が話題を盛り上げたりする。挙句の果てに、過剰情報に振り回され、話題作りが優先し本質を見失う繰り返しだけは避けたいものだ。

これだけ世界中の食品が出回るようになると、食に対する意識も興味本位になりがちな面は避けられないにしても、定番である日常食に関しては、手抜きはご法度だけに何かと気を使うことが多い。そして、健康志向食品がこれでもかと、絶えず広告の前面に打ち出されてくると、ついつい体に良い食品を手に入れたいと考える気持ちにほだされ、かつ、作り手の心理作戦の巧妙さに踊らされて、余分なものまで購入してしまう。家庭でおふくろの味を味わえる人はともかくとして、それができず調理済みの総菜類を買うことの多い人などは、執拗なマスコミ情報などに洗脳され、添加物などそれほど気にせず、無意識的に見た目や味付けなどで購買しているのが、本音ではないだろうか。それでも、どの店でどの品を買い入れるか、その購買先の見分け方は、毎日のことだけにかなりシビアに区分けをし、満足度の高そうな商品を確かめ購入することが多いという、そんな真面目な人の存在を見逃すことはできない。

たとえば、肉でも魚でも野菜でも、事細かに仕入れ先から商品の質的レベル、もちろん価格帯などまで頭に詰め込んでいるような消費者は、簡単には口説き落とせない。ただし、一方で、通販での売り上げが伸びているのは、便利さと店頭では手に入らない商品を調達できる簡便さを優先させている層が、確実に増加している。無駄や失敗することも多いが、以前より商品に対する安心感や情報開示システムなどが改善されたことで、安さに加えクリック一つで購入できるため、面倒くさがり屋で自分の時間を優先したい消費者などから支持を得られるのだろう。どの時代も、便利さには勝てそうにない。

ただし、消費者の目線は厳しく、少しでも商品やサービスの質が低下すると、新たな購入先に簡単に移り変わってしまうのは防げない。対人販売の場合は、接客ひとつが大きな意味をもっているのに、人手不足のため か商品知識不足の非正規販売員が多くなり、少しでも不手際が重なると長年築き上げてきた、大切な信頼関係を失う危険性が増してしまう。人手不足を理由にして、目先を取り繕うとしても、逆効果に作用することを見落としがちである。ただこの点に関しては、多くの働く場所で非正規社員の増加という、複雑で解決困難な課題に直面していることを挙げなければならない。ときには、働いている人のほとんどが非正規社員であり、あるいは景気の動向により増加傾向にあるなどと、簡単には解決しそうにない。また、会社側の姿勢と働く側の事情など、多様な関係の上に成り立っている面もあるので、一概には論じられない点も理解しなければならない。本来は、働く人全員が少しでも満足できる職務を担えることが理想であるのに、正規社員との差別扱いされるケースがむしろ多いのも気にかかる。根本には、企業が厳しい競争に勝ち残らなければならない、そのための対応策の一つとしてＡＩロボットによる代替やサポートでカバーする、そんな時代の先端を行く取り組みに移行せざるを得なくなる。さらには、ワークシェアリングなど、一人でも多くの人が働く場を確保できる社会的仕組みも求められている。

ともかく、賢い消費者は、企業として環境保護に対する実効性や添加物に関する意識の高さなどから、利用する優先度を総合的に判断していて、少しでも隙を見せると足を引っ張られてしまう。利用者は、安全で健康維持が期待でき、満足度の高い商品を提供してくれる取引相手を常に望んでいるのであって、相互に信頼し合える関係でありたいと願っているからこそ、その場しのぎのリップサービスは不信感を増幅するだけで、何の成果も生み出してくれない。持続的に経営を維持するためには、組織メンバーの熱意はもとより、取扱商品の質的実態こそが勝敗のカギを握っているという、単純な原理を見失わないことに尽きてくる。

日常生活に欠かせない身近な存在である家電商品なども、使い手は最新モデルの商品に注目しているため、有力メーカーの動向には常に神経を使っている。その点では、作り手と使い手とが、しのぎを削る心理戦を演じていることになる。しかし、メーカーとしては競合相手の戦略を特定することが難しいため、需要予測が外れると生産過剰になり資源ロスを生む確率が高くなり、ついつい及び腰になり安全策という隙を見せてしまう。買い手のほうは、価格が安くて品質と機能が優れているメーカーのものを選択したいがため、モバイル端末で手軽に情報収集と品定めに神経を集中する。それでも、メーカーごとの特質でもある企業体質は、簡単には変わらないため、信頼と好み、細かなところの使い勝手の良さなどが決め手になり、勝敗が決まるケースが多いことに気づかず、弱点を修正できないまま悪戦苦闘の罠から脱出できないで業績を悪化させてしまう。

つまり、多くの場合、企業文化が製品の質にまで反映されることが多いだけに、それを変える大変さは、はた目で見るよりも遅々として進まないことを、見落としているケースが気にかかる。たとえば、大手電機メーカーや航空会社、そして電力会社等で見られる、経営不振で一旦原点に戻ったかに見えても、時間の経過とともにまた悪弊がぶり返すという、企業風土という病原菌はしぶとく居座り、その浸透度の深さと身についた意識から抜け出せない怖さを思い知らされる。

　この微妙な差は意外に根が深く、使い手の気持ちを斟酌(しんしゃく)できない企業文化は、組織の末端にまで浸透しているため、逆転発想や大幅なテコ入れをしないと改善はおぼつかない難しさが、想像以上に手強い形で表われる。また、消費者心理を汲み取った商品開発とは、環境への配慮と資源の有効活用を優先させ、エネルギーロスを最小限にし、ＡＩ戦略を駆使して使い手の心理をフォローできる持続的努力と、誠意ある対応を継続させる確かな意識が、経営態勢の維持と消費者からの評価となり、双方の満足度を高めてくれる。この持ちつ持たれつの関係は途切れることなく持続され、最後は「誠意ある対応」の継続性こそが、双方を結びつける貴重な役割を担っていることは、覆すことのできない教訓的現実でもある。一見、従来の経営原理の思想とはかけ離れた印象を受けたとしても、むしろ、時とともに今後の展開を先導する要因として重要度が増し、再認識されることは、間違いないだろう。企業経営が目指す本分とは、シンプルなのが本質であり、しかも、常に足元に転がっている意外性と誠意を見失わないことに尽きてくる。

7　企業とカスタマー

ほとんどの動物がもっている大きなもの・強いものにあこがれる気持ちは、誰にも共通する認識ではないだろうか。また、動きの少ない樹木に関しても同じ延長線上でとらえることができる。この世に生を受けた以上、他の人より優っている何かが欲しいと、内心で思いめぐらせたとしても、幸いなことに、別に罪に問われるわけではない。もちろん、大きな動物に限らず、ウイルスに始まり微小な生き物の動きに強い関心を抱いている人も、多いことだろう。かつてヒマラヤ山脈の最高峰は、一万メートルもの高さがあったと推測されている。また、恐竜の多くは巨大さでは抜きん出た存在であり、現在のゾウなどとは比較にならない大きさであった。もっとも、シロナガスクジラは地球上で最大の生物であるらしい。もちろん、山や河、海の広さも圧倒的であり、近頃はそこに人工の建造物も加わり、なんとか高さを誇るまでになっている。しかし、これ以上、高さを追い求める動きは、あまり歓迎されそうにない。小型の空飛ぶ乗り物などが開発され、どこからでも離発着できるようになれば話は別であるが、それよりも、現在の平地を有効活用することで、生活の利便さや快適性は十分、保証されるのだから、とりあえず、高みを求める必要性は感じ取れない。

ただ、大きさへの憧憬は留まることを知らず、物質そのものには、大小がついて回るのは必然なのだから、そこに口を挟むことは不可能であり、かつ無意味でもある。小さな野草の存在も自然現象と独自の進化に由来しており、下手に規制できる種類の問題というよりも、環境の変化に伴う進化が関係しているのだから、当事者の動静を静かに見守るしか、特定な手法が見当たるはずもない。むしろ、小さな野草のほうが、短期間の成長率は大きなものを凌ぐほどであり、踏んだり蹴ったりされても、すぐに立ち直る驚異的な生命力を持ち合わせている強さがある。まして、落葉樹の場合は、一年ごとに新しい芽が出て花が咲く繰り返しであり、その意味では循環的で流動的で合理的なのかもしれない。動物は、体が大きいものほど寿命が長いといわれている。一方、巨大な樹木の寿命は、千年を超えるものも多数あるだけに不公平な感じもするけれど、これればかりは、どこに不満をぶつけるわけにもいかず、宿命として受け止め納得するしか、答えはなさそうだ。

大きさ、この捉え方を企業にあてはめてみると、同じように個人経営から大企業まで形態による分類はできても、個々の中身はまったく異なっていて、しかも、人工物である側面からしても、意図的に作られたものであるだけに、形式的であると同時に異質な要素が詰め込まれており、その点では、特徴的相違が個性表現に結びついていると考えられる。だからこそ、人為的にセルフコントロールができることと、規模を大きくしたり分割したり、そうかと思えば、所在も移動も自由であったり事業内容も随意に変えられるなど、大きな違いに満ちた存在である。さらには、そこにヒトという生き物特有の感情が入り込むところに、斬新さと、ときに息苦しさなどが入り交じり、常に葛藤の連続体である点に、大きな特色がある。そして、大規模企業とは、売上高で表現する場合と、従業員数や資産規模、あるいは店舗数、世界規模での展開、さらに、情報通信分野ではネットワークによる影響力など、さまざまな分類ができる。その観点からすると、ひと頃前まで多様化の象徴とされてきた、多国籍企業イコール大企業という呼称も、今ではあまり意味をなさなくなっている。また、小さな組織であってもネットワークを通じて、国際的影響力を行使できる環境が整っているだけに、それに合った新たなビジネススタイルが登場するのは、当然なことであり、むしろ自然の流れといえるだろう。

このように分類してみると、アマゾンやグーグルのような電子情報を活用することで、億単位の利用者と交信し取引できる業態こそ、短期的流れとして、現代を象徴するパターンといえるだろう。これまで、取引とは物のやり取りが基本とされてきたが、その方式がこれほどダイナミックに転換できることを想定できず、それだけに真剣に対処できなかった流れから、情報通信技術の進展とビッグデータの活用により、短期間でビジネススタイルを一変させてしまった。これは、重厚長大企業中心の大きさへの憧れを希薄化させ、ハイテク技術を駆使したビジネス活動への道を切り開いたことの時代的変転を意味している。別な表現をすると、これまでの産業構造が液状化現象を引き起こしてしまい、重装備型から軽装備型の新たなビジネスモデルに、追従せざるを得なくなってきたともいえる。そのリード役を担っているのがＩＴ関連の大企業であり、さらには人工知能社会への到来が拍車をかけ、産業社会は一気呵成に混戦模様の状況に突入し、知的効用を全開させ短期サイクルで循環する新たなモデルが、次々に誕生する環境が整ってきたことを世界的に認知させてしまった。

ここまでの主役は、いうまでもなく起業家精神にあふれた新規参入者の存在であり、その成功者は短期間で大規模企業に成長し、破壊的影響力の凄まじさを見せつけ主役の座を勝ち取ってきた。その中核を担っているのが、相変わらず、アメリカ企業主体であることが、いささか懸念材料である反面、いまだイノベーション大国であることを、如実に示唆している。このところ、中国にも、追いかけ追い越そうとする企業が現われているのは、大いに歓迎すべき事態であるものの、追従型にプラスしたレベルだとしたら、まだ本物とはいえないだろう。しかしながら、ＰＣやモバイル端末は、もはや生活の一部になってしまい、それにかかわる通信情報関連技術等が、特定少数大企業に偏在する怖さは、何としても避けなければならない。とくに、あまりにも巨大化してしまい、個人情報の取り扱いや漏洩、サイバーセキュリティー対策等に関する懸念が高まり、ＵＣ諸国を中心に規制の動きが始まっている状況は、危機意識の端的な表われそのものでもある。特定民間企業が、膨大な個人情報を管理し独占的な動きが強まることへの懸念に対し、行政機関が監視の目を光らせ、行き過ぎをコントロールする動向は、今後さらに強まるのは必至といえよう。自由競争が原則のアメリカ国内でさえも、規制の動きが始まっているのは、影響力の大きさゆえの対策を急がなければならない不安的事情が、抑制行動に拍車をかけている。

また、個人情報を大量に集めビジネス展開に活用することで、価値を生み出す経営手法も、ここまで大規模化すると各種の弊害が生ずることは否定できず、ときには、国家間の紛争にまで発展する危惧が、しばしば指摘されてきた。国家間の情報操作やフェイクニュースなどが端的な事例といえる。そうなると、民間企業の枠組を外れ、公的機関の出番に頼るしか、直近の解決策は見当たらない。私企業の自由競争は基本的には認められていても、業種を問わず大規模化に伴う独占的弊害を抑制する役割は、行政機関の出番を待つしか解決策は見当たらない。とくに、電波情報の及ぼす影響力と脅威やサイバーテロ、ときには、参加者数の多さから民意形成などにも関係してくるから、為政者としては、放置するのではなく規制する手段を選択するのは、当然の成り行きでもある。これまで、ネットワーク化により、民主化や情報の共有化など多大な影響力を生み出してきたが、その分、予想外の弊害やコントロールミスが目立つようになってきたのは、やはり、組織が大きくなりすぎた限界やハイテク化に伴うミスマッチという課題が露呈したことを、いみじくも物語っている。それだけに、予想外のほころびが、反動的にあちこちで見えはじめている。それでも、時代の趨勢による創造物であることは間違いないだろう。ただ、企業側も規模の経済の限界点に到達しつつある点が気にかかり関連事業への目配りも忘れていない。

しかも、特定の国が、他国の経済コントロールまで介入し、さらに地球上に浸透しているネットワークによる主体性までも支配しようとすることは、考えてみると不合理であり受け入れがたいものであることは、これから先、さらに明らかになるだろう。いつの世でも、自由競争が原則とはいえ、大が小に圧力をかける姿は健全な在り方ではなく、いつかは崩れ去る運命にあることは否定できない。なぜなら、自由な通信技術の浸透による限界点が浮上し、その壁をブレークスルーする時期が必ず到来するのは避けられないだけに、考えてみれば、皮肉な現象かもしれないが、大の驕りと小の憤りの交差点として、今後ともせめぎ合いが続き、かつ、理想的関係を目指すうえでも、重大な意味をもつことになる。それでもなお、超富裕層や自称エリート層にとっては、階級差別のない社会の形成など、およそ無味乾燥で無意味だと映っていることだろう。金持ちはしたたかに、簡単に白旗を挙げることなど頭から否定し、現状を肯定し、むしろ圧力をかけようとするのではないか。

当面は、大きな組織は、その分野のリーダーであることは確かであり、それなりの役割を果たしていることはいうまでもない。例外的に、図体だけ大きくても社会的役割をすでに果たしてしまった事例も、多数存在する。時代の変化が必要としなくなったわけだから、それなりの功績は認めなくてはならないが、過去の栄誉に酔いしれ時代の変化に乗り遅れた姿だとしたら、あまり褒められたものではない。しかし、どんな事象にも新陳代謝はつきものであり、まして永遠の企業など存在しないのだから、新たに取って代わる産業があちこちに誕生し、新たな時代を担うようになれば大歓迎であり、むしろ、経済活動も活発になり、理想的なビジネスモデルが形成されるメリットも期待できる。とくに、特定企業が大きくなりすぎると歪みが生まれ、その分、隙間も大きくなるため衰退も速まり、ライバル企業が現われる確率が高くなり、新規の循環パターン形成へとつながる宿命は避けられない。多様性のメリットこそ、本筋であり変化を誘発してくれる。

もちろん、既存企業も生き残るため、品質のレベルアップや価格に対する不満を解消し、新たな戦略を打ち出し反撃に転ずることだろう。たとえば、メンバー登録という常套手段で数を増やし、数の論理で何かと制約を加え、ビジネスチャンスを拡大しようと、したたかに誘導作戦を繰り広げていても、やがて新たな手法が編み出されるときが必ず訪れる。そのため、ネット上には企業広告が溢れ返り、無駄な神経とエネルギーを浪費することを厭わず、競争に明け暮れている。これも、収入源を拡大する戦略なのだから無理もない面がある反面、何か空しいものが感じられてならない。過剰広告は、資本主義社会の盲点なのか起爆剤なのか、もしくは、新手のマーケティング戦略なのか、ニューノーマルなのか、今後も議論が尽きないまま、疑問符が続く流動的テーマでもある。

もちろん、大企業ともなれば、まず製品を通じた認知度も高く、財務内容や相対的信頼度もおおむね高く、同時に働く社員の質も相対的に優れていることなど、社会的信頼関係も良好であり、そんな積み重ねから社風も社員のプライドも、自ずと高止まりになっているように感じられる。そのこと自体は決して悪いことではないが、大きくなりすぎることによる自意識過剰と排他的意識が、蔓延するきらいは捨てきれない。すると、取引姿勢やサービスの低下などの形で現象化し、やがてお役所的対応や融通性に欠ける雰囲気が、無意識的に頭をもたげるのを防げない。また、力の差は意識過剰となり、取引に絡む制約条項を増やして囲い込み作戦を繰り広げる傾向に走る事例が、それとなく表面化する。とくに、特定の企業だけが抜け出すケースではそんな傾向が強まり、結果的にサービスの質が低下し、成長にブレーキがかかりだし、ついには大胆に方向転換するか、次なる挑戦者の陰に隠れてしまうのか、時代的循環作用に逆らえなくなるパターンが虎視眈々として待ち構えている。

　独占的体質企業のケースでも、批判が出るのは、企業側の自己満足度ばかりが上昇し、その分、ユーザーには不満となって跳ね返ることが多くなるため、両者の関係は次第に疎遠となり、同業他社やときには外資系企業などへの乗り換えを模索しはじめる。これは、一方が力を持ちすぎることにより生ずる、宿命的な現象であるだけに、解決策は、市場開放か新たにライバル企業の参入を奨励することで、対処する方法がとられる場合が多い。たとえば、卑近な事例では、電力の自由化に伴い、新たな選択肢を増やすため、顧客の奪い合いを繰り広げているケースが考えられる。ただ、これまで、巨大企業が爆発的に生まれ、花形企業として持ち上げられてきた。だが、大きすぎる組織は、もはや時代のニーズとはかけ離れてきており、また、経営ガバナンスを維持する上で、課題が生じやすく対応能力の困難さが浮き彫りになっている。価格やサービスの質的低下は、結果的に、消費者に負担を強いることになり、むしろ、適度の大きさの組織で、熱意を込めて取り扱い製品の質を常に高め、メンバーの人心掌握と満足度向上に腐心し、ユーザーの信頼度を持続的に確保できる血の通ったマネジメント体制が維持できなければ、顧客の認知度と信頼を獲得し続けることなど、期待できるはずもない。

　別な観点から見ると、これまで、大企業体制による大量生産と大量消費の目論見どおり、グローバルに大量の商品が飛び交う戦略も大切ではあったが、その分、流通費用がかさみ必然的にエネルギーの使用量も相対的コストも増加するため、今後の展開は難しいものになるだろう。大量生産は一見、低コストで生産されているように見えても、実際には過剰生産や利益拡大を優先させ、その分を価格に転嫁させる合理的手段と理解されてきたが、結果的には消費者に負担を強いる不合理性が指摘されるようになってきた。その対策として、企業間における品質管理とコストダウン競争が、過剰ではなく適正に展開されることで、部分的には解消できる面も考えられる。そうなると、企業としては重装備を避け、できる限り身近なルートを使って、生産活動を展開し解決策を模索する必要性が出てくる。

そこでの問題は、地域限定による戦略を進めると、資源を確保できず必要な製品を生産できなくなるおそれが出てくることだ。つまり、資源をもたない国は、昔のようにその範囲内で必要な商品を確保するしか方法がなくなるのか、もしくは、代替原材料を科学技術の発展で、空中などから新たな資源として開発し間に合わすことができるのか、ここを乗り越えられなければ、新たな混乱を招き、誤算が生ずることになる。または、地域経済圏内で融通し合うことで、可能な限り地球環境を守り資源ロスを少なくし、解決策とする手法も視野に入れておかなければならない。大企業が世界中から資源をかき集め、国策ファーストに走る手法の限界は、こんなところにも難題となって噴出している。

ともかく、多様な個性がのびのびと働き、能力を可能な限り発揮できる環境願望に対し、行き過ぎた過大主義と占有欲に汚染され、個人主義が前面に出すぎることにより、格差や排他主義が頭をもたげてくると、さらに風圧が強くなるだろう。行き着く理想的あり方は、企業社会の独断専行ではなく、明示された制度とオープンな環境による働きやすさ、顔を合わせ相互信頼によるコミュニケーションができる規模の組織単位をベースにした連合体のほうが、全体的に効率的であり満足度の高い働き場所も確保できる。また、希望と願望の地域活性化にも貢献してくれるのは間違いなく、しかも、しがらみやわだかまりも最小限にしてくれるだろう。ここでの主役は、特定大企業の存在や、独占的ハイテク企業に振り回される環境は歓迎されず、むしろ、中小企業形態を想定し、流動的な全員参加型で有限資源保護を優先させ、地産地消の盛り上がりを推進することを狙いとしている。いずれは、こんな方向性が、望ましく主体的な形態として採用され、維持され続けていくことを願わずにはいられない。

8　経営刷新アラカルト

人間社会が、現在そして将来に向けて進化するための基本的要素となるのが、いうまでもなく科学技術の進展であり、あらゆる分野にまたがり、たゆまない改革の流れを波及させ、生活環境を向上させる原動力たり得る必須の要件であると付け加えることができる。とくに、欠くことのできない経済活動に関しては、とりわけ大きな影響を及ぼし、しかも幅広く需要と供給体制を支障なくサポートする役割を担っているだけに、絶えざる技術革新への期待と近況情報が常に交錯し、澱むことなく注力され続けていくだろう。同時に、すでに述べてきたように、自然環境への配慮や難しい人種差別と人権問題、他の動植物との共生、地球資源の有効活用や身近な貧困と格差問題、多発している紛争問題などにも、国際的な積極的関与と解決への期待と高まりにも、必然的に寄与してくれるはずである。同時に、今後の資本主義体制を維持できるかどうかに関わる方向性などに対しても、避けて通ることのできない注目点であり続けるだろう。

一方で、健全な経済活動こそ、競争を活発化させ社会全体の進展に貢献してくれる。そんな常套的な発言も絶えることなく聞こえてくるものの、景気のかじ取りの難しさや競争環境の変転と厳しさなどから斟酌しても、連続的な経済成長を維持し続けることは、容易なことではない難しさが絶え間なく脳裏をよぎる。とくに、生身の人の意思が加わると、多様な噂が拡散して市場が混乱し、業績悪化に関係することもあるから、ゆめゆめ油断は禁物である。また、常に話題となり欠かせない大企業の影響力や行政による対応策の遅れ、そして、企業間の熾烈な競争や新規参入企業の意外性に富んだパワーに圧倒されるなど、多くの例外的で異質な要件等に左右されるだけに、絶え間なく対応策を先行させ、しかも選択肢を幾通りか用意しておく慎重さとの知恵比べが、限りなく続けられる展開が、持続されていくことだろう。

　たとえどのような環境変化があるにせよ、これから先、企業の継続的な改革が途絶えることなど、考えることはできない。もしあるとすれば、人類が滅びるときではないか。企業活動に求められるのは、企業間競争を乗り越える力こそが生き残る原点であり、そして、価値ある商品の持続的提供力が、ユーザー支持に耐え続けられる生命線でもあることの認識は、さらに刻み込まれ浸透していくことだろう。逆説的には、競争がないところに成長も発展もなく、一方で、消極的維持を続け、時代の波を漫然と受け止め、結果的に細々と事業を継続させ、生き残る手法も、全面的に否定することはできない。たとえば、何百年も継承されてきた伝統工芸や匠の技が尊重される類のビジネスは、ＩＴ化がどんなに進んでも存在価値を見失うことなく、大切に守り後世につなげ続けていく使命を負っていかなくてはならない。そして、機械では代替できない積み上げられた熟練の技と感覚による精巧さは、時代を超えた人智の宝として伝えていく尊さがある。言葉を変えると、技術と合理性が合体した知の有機性と表現することができよう。

しかし、これから先、社会的情勢変化のベースになるのは、しばらくは情報通信技術と人工知能ロボットに支えられた技術革新であり、事業推進をリードし主体的役割を担うことに疑いの余地はない方向性といえよう。それにしても、あらゆる物事は直線的ではなく、複線的ないしは凸凹した山あり谷ありの状態が繰り返され、ときにはペースダウンのサイクルも加味しながら時が推移していく。しかも、時代とともに表面的な変化の速さが加速化する印象は避けることができず、その分、これまでとは異なる感覚的せわしなさが持続的に増すため、便利さによる便益だけを求めるのではなく、むしろ、心理的側面や柔軟思考による対応策で補っていく必要性が増すのは、必至といえよう。最後は、人本来の姿を追求するという原点に戻り、ハイテク化一辺倒だけではなく、気持ちにゆとりをもち、また、油断することなく日々の努力を継続することの重要性を忘れなければ、活路が必ず開かれるからである。

これを、使い慣れした古い言葉に置き換えると、産業活動を支える「継続的進化」を生み出す意欲と耐久性を保持することの重要性に行き着く。いつの時代であっても、また多少の例外はあっても、結果を直線的に限界まで追い求めるばかりではなく、一方で、柔軟な姿勢による努力と積み重ねとが相まって、確かな成果となって跳ね返ってくるのは間違いないと信じ、ゆとりの相乗効果も忘れないよう心がけたい。もちろん、心を込め、真正面から真摯に取り組む無限の価値は、最終的に精神的満足感を倍増させてくれることとは、間違いないのだから。しかも、他の企業に見当たらず、あまり計算づくめではない意識外の細かな心配りと小さな誠意が滲み出ている心遣いと日常行動を、人々は決して見放したりしないのだから、焦ることなく信念を守り抜く気持ちを、いつの時代にも持続させたいものだ。

要は、誠意とアイデア・イノベーションの連続性は日常的にして、予想外なところに潜んでいることに留意し、競争相手以上の複線的な目配りが欠かせない。意識的に目立つことや有名になることを優先させようとすると、ほとんどのケースにおいて、どこかで、足を引っ張られる方向へと作用する事例が多く見られることから、手抜きをしてその場をやり過ごす手法は、捨て去るに越したことはない。それよりも、他者利益の精神を徹底させる取り組みのほうがよほど崇高であり、時代が変わっても多くの人々の共感を呼び込んでくれる。たとえ不利な状況に直面しても、決して悲観し、投げ出すのではなく、むしろ、運は天に任した決断のほうが、思いがけないチャンスに変えてくれるケースも多々あるのだから、何ごとも諦めず、最後まで努力を持続させ無欲になることではないか。

経営の革新とは、何を意味するのか。端的には、企業を持続的に維持発展させるための生命線であると考えることができる。永遠の組織は存続しないとしても、競争関係に終わりはなく有機的組織として、ステークホルダーから支持され社会的にも認知され続けるための支柱になる取り組みといえるのではないか。また、事業転換のような大変革にあてはめてみると、組織におけるパラダイムシフト要件、と言い換えることもできる。一般的な多くのケースでは、改革レベルとしての認識が穏当であり、かたや最近のユニコーン企業と呼ばれる未上場大規模企業ケースに当てはめてみると、むしろ、進化という表現のほうが受け入れやすいのかもしれない。

そこには、デジタルネットワーク化をベースにしたビジネススタイルの急速な変化が、短期間で巨大企業に成長させている共通した特徴がある。いわゆる、新規参入の企業が新たな手法で関係先をけん引し、次代のビジネスモデルを構築してしまう凄さが極めて現代的であり、ユニコーンと呼ばれるゆえんでもあるのだろう。さらに、起業をサポートする多様な要件が整備されてきたことと、新商品情報が瞬間的に拡散し、同時にユーザーの目利き的判断レベルが向上してきたことに加え、結果的に相乗効果により爆発的に拡散波及していく状況などを、主たる特徴として把握できるだろう。もちろん、今や大きなものを求める各種の矛盾点も忘れないようにしたい。

とくに、起業大国ともいえるアメリカの動向に加え、新たに人口大国中国が猛烈に追い上げている情勢変化や、どこの国のどこからでも容易に参入できるビジネス環境の変化をとおして、変化の実態を日々、具体的に知ることができる時代性。それだけに、かつてのアメリカのように、個の独自性やアメリカンドリーム的で強烈な成功事例の印象が、やや薄らいでいるように感じられる今こそ、チャンス到来ではないか。つまり、IT化とネットワーク時代を象徴した変革の影響力が多くの点で裏づけされ、しかも、世界各地に分散して誕生しているため、選択肢の増加と多様性による相乗効果が生まれている点などが、特徴的であり期待感へと結びついていく。

それに比べ、国内の動きをみると、革新的意欲の低さが、改めて気になってくる。アメリカのようにイノベーションが活発な国は、ある産業が漸進的な変化の時期に新たなパターンを次々に生み出せる力強さがある。どの産業でも急激な変化の時期に求められるのは、多数のスタートアップ企業が市場に参入することだ。これに対応する国内産業の特徴は、先進国に習い改良することで製品の品質を高める、いわゆる追いかけ型の思考パターンから、いまだ抜け出せていない面が強い。だが、きめ細かさからくる、製品の品質と気配りのよさは、物を大事にする風習と民族的特性、手先の器用さなどを生かす意識が強く、革新性や独創的な考え方は、むしろ後回しにする傾向が長年の間に蓄積され植えつけられ、むしろノウハウ的要因になっている認識がある。これは、長い歴史的な風土として形成されてきた面も加味した特色であり、あくなき品質追求意識が強いため、短期間にダイナミックに変えられない要因と、大いに関係がありそうだ。攻撃的よりも中立的、もしくは資源不足に伴う、物を大事にする意識も大切に守り続けたい。

また、島国特有の固有文化意識が強く、独自の文化を守りたいとする民族意識や革新的よりも中間的で保守的傾向が強いのは、身内で固まり観念的で強烈な外敵から身を守る経験が少なかったことなど、長年の経験値による習性も大いに関係しているのだろう。もちろん、どこの国にも同じようなジレンマと無縁ではなく、独自の長所と短所に包まれ、ありのままの姿が投射されている。これこそ、地域独自の個性まで否定する怖さは、新たな紛争の種しか残さないだろう。また、評論的情報に頼りすぎると表面的になりすぎてしまい、実態と乖離して受け止める難点も理解していないと、大事な本質を見誤る危険性があることを、心に留めておかなければならない。ただ、長期的視点で判断すると、あまりにも改革を追い求め無駄の排除や効率性ばかりにとらわれすぎ、結果的に環境破壊を引き起こすよりも、自然環境との調和を優先させる、日本的視点が重視され評価されるときが、到来しているのは肯定的要因といえよう。

しかし、独自の価値観の維持は大事なはずなのに、競争環境はあまりにもスピーディーでダイナミックに変化しているために、いつまでも保守的感覚のままでは、今日のグローバルで異質な競争に乗り遅れるのを、防ぐことができない矛盾点に、どう対処し解決するのかが問われている。競争の激化は、安定的な環境に留まろうとしても、必然的に置き去りにされる怖さを捨てきれない。また、停滞していると、自然現象が恒常的ではなく流動的であるのと同様に、予告もなく周囲から改革の波がひたひたと押し寄せて休むことを知らないだけに、予想外の不都合が突然に起こりやすくなる。もしも、環境保持や急速な変革を抑制し、現状の状態を維持しようとしても、変化の波を押し戻すことは不可能であり、ときには何ごともなかったかのごとく、お構いなく荒々しく圧力をかけられるため、先発の利益までも失う確率が高くなってしまう。とくに、ビジネス活動のように、多数の競争相手が自由に勝手に挑戦してきても、原則的には誰にも排除することはできないのだから、当事者自身が自覚し、先手必勝の防御策を実行に移すしか、勝ち目が見当たらなくなる現実と焦りから抜け出せない、持続的で循環的ジレンマとの戦いでもある。

また、この時代の経済活動のメカニズムは、特定の国だけでは抑制できない難しさが増すばかりである。それだけに、現状維持は退歩なりとか、継続は力なりと叫んでみても、相手以上の改革策を常に提供できる態勢を維持できなくては、競争に勝ち残れる保証はどこにも見つけ出せない。むしろ、ビジネス競争の現場には、銃弾がどこから飛んでくるのかわからない予測不能の確率が高くなるばかりだから、対応するには、状況変化を的確にとらえられるシステムの構築と、発想の転換や必要な人材の確保で、補わなくてはならなくなる。しかも、現在の競争はＩＴ化という近代化の象徴的ツールを駆使して、宇宙や地球の果てから相手かまわず飛来してくるから、休む暇さえ与えてくれない。この忙しさは、人が本来渇望して止まない長閑な田園風景など、忘却の彼方に押しやろうとする現実がある。どこまで続くのかわからない、空しさが倍増する光景でもある。

振り返ってみると、インターネットによる６つの性質とは、①他人と関わりたい　②互いに助け合いたい　③クリエイティブでありたい　④影響力をもちたい　⑤真実を知りたい　⑥知識の大衆化（『人類の歴史とＡＩの未来』バイロン・リース著、古谷美央訳、ディスカヴァー社）の指摘のように、確かに、無意識的に世界的なネットワークに組み込まれ、情報の洪水の中を泳がされている当事者の一人である現実に、時折、がく然とさせられることがある。その中で、有用な製品を生み出し組織を活性化し、かつ利益を生み出さなければならないビジネス活動とは、改めて生易しいものではない実感が波状的に迫ってくる。そのチャンスを手中に収めた一握りの大富豪は、だからこそやりがいが湧くのだと、さぞや得意げにうそぶくことだろう。

現代は正直なところ、知恵を働かせ豊富な資金を確保し、資産を形成してきた成果であれば誰からも文句は言われない。しかも、金持ちは喧嘩せずだから、反論の余地は見当たらない。そのプロセスをさかのぼれば、運・不運という見えないプロセスの違いには手をつけられないものの、あるとき、突如、閃いたアイデアと偶然性を実行に移した勇気と努力の結晶であり、当事者が自己判断を下し対処した成果であれば、部外者には批判の矛先を向けることはできない。あとは、富裕税などの税金対策や独占防止対策など、規則に基づく制約しか決め手は見つけだせない。しかし、決定権を握っているはずの公的機関も、触らぬ神に祟りなしで、それとなく金持ち擁護派のスタンスのため、痛い腹を探られ不利な条件を強いられることは滅多にないのだから、ことの本質を探り出すことが、いかに困難な作業なのか納得させられる悔しさが滲む。

まして、国策的な先端技術の開発競争となると、大国の利益誘導政策があからさまになり、戦力の必要性を盾にして問答無用とばかりに圧力をかけてくる。その先には、経済や経営開発戦略にまでつながっているため、合理的な対応よりも自国優先が見え見えになり、関係国との調和など後回しにされるのが日常茶飯事だ。とても、双方が納得でき前向きな目論見書にまとめる雰囲気にまで、もっていけない苦しさが滲み出る。これでは、残念なことに、弱者に対する暖かい風など吹くはずもない。

あまり、批判ばかりしていてもアイデアが出るわけではないから、とにかく、どんな立場に置かれても、独自に挑戦する気概だけはもち続けたい。無から有を生む、そこにこそ革新の意義と醍醐味がある。他にないものを生み出す勇気と挑戦、これこそ科学分野に関しても、企業経営の現場においても、本質的には何ら変わることはない。既存商品の改良でも改革には違いないが、夢をもたせてくれる新製品の開発こそ、熱意とその期待値は格別であり、限りなくハイレベルな目標設定になることは変わりがない。とりわけ、スタートアップ企業として可能性が認められ、世間の注目を集めることができたなら、企業人としては本望ではないだろうか。これまでにない斬新な問題提起も、誰にでもできるものではないが、挑戦してみる勇気こそ、かけがえのない財産であることは、成果業績も大事だが経験実績として称賛され、変化への足がかりになるだろう。

それにしても、最近、見られる特色は、短期間のうちにこれほど大きな格差が生まれた、資本主義体制下における課題の把握や、予想をはるかに超えて、市場を少数特定企業が席巻していることだ。この実態を詳細に分析し、個々人の攻略戦略に生かしたい。繰り返しになるけれど、こうした実態はビッグデータ活用と情報通信革命が、市場を拡大してくれたことに、最大の要因としてとらえることができる。皮肉交じりに表現すれば、大衆が参加し生み出した成果なのだと、言い換えることも可能だ。その分、もろさや多数の風潮に流される危険性は避けられず、それでも、誰もが参加できる環境変化こそ、現代の代えがたいストーリーでもある。

ところで、話題を変えて数学の世界にもこんな新しい理論が、日本人数学者から提唱されている事例を再度取り上げたい。ただ、まったく新しく難しい考え方なので理解できている人は、専門家でも極めて少ないといわれているだけに、素人には触りの部分ぐらいしか認識できないのが残念だ。その理論は、ＩＵＴ（宇宙際タイヒミュラー）理論と呼ばれ、複数の数学の舞台を考えることにより、これまでの数学にはなかった、つまりこれまでの数学の常識を超えた、新しい柔軟性を実現しようとしている。あるいは、異なる数学の舞台を設定して、対称性を通信すること。受信した対称性から、対象を復元すること。そうして生ずる、復元の不定性を定量的に計測することと、要約されている。

これを、前述の提唱者・望月新一教授は、著名な研究者が長らく「あり得ない」ものとして認識してきたものを、「立派にあり得る」ものとして受け入れてしまうとなると、おびただしい数の社会的な構造や組織、地位等が立脚している、底なしに「頑丈」とされてきたさまざまな形の「固定観念」や「評価の物差し」を根底から否定し、覆すことを意味するはずだ。また、同教授は、安直な確定性への欲求から生ずる社会の矛盾をあぶり出し顕在化させ、その矛盾を乗り越えるための方向性を指し示す、「心の道標」としての役割を果たすが、真に革新的な内容を掲げた純粋数学の最も本質的存在意義としている、と述べている。このように、数学者らしく詳しく理解するのは容易ではないが、数学に関する歴史的論争となった、ガリレオ等による天動説から地動説、さらには、パラダイムシフトもしくはコペルニクス的転回とでもいえそうな斬新な問題提起であり、この先、いつの日か受け入れられるチャンスが巡ってくるものと思われる。これに関して、難問とされるＡＢＣ予想問題を証明した論文が受理されたという、画期的ニュースが一斉に報じられた。これは、20年間も研究され、12年も前に証明が提出されているのに、一部から不十分だとの意見があるため、ようやく大きな関門を通過したことになる。これにより、歴史的成果として評価されるときが近いと考えられる。

数学の高度化は、学問的性質上、ややもすると抽象化をひたすら追い求め、独自の深化だけに主眼が置かれ、他の分野との関係性を軽視する傾向が長い間続いてきた点も考慮に入れた、極めて斬新な提起と受け止めることができる。だが、根底にはびこる数学の統一理論に満足することなく、このような、まったく新しい観点から新理論が出てくるとは驚くばかりだが、どんな分野でも小手先の改革ではなく本質的な革新は、どこからともなく忽然として現われるから、トップランナーであってもマンネリ化は許されず、だからこそ改革の夢が開けるのであり、慢心も油断もせず平常心を貫く心構えに終着点はなく、さらなるエネルギーへと転換してくれる。つまり、数学に関しても、唯一無二の存在はなく、それぞれの分野との協力関係を通して社会的役割を担っていくことの重要性を提起していると、概念的に受け止めることができるのではないだろうか。こんな着想が、数学者から提起されるとは驚きを隠せない。

この観点からすると、物事には常にボラティィリティー（予想変動率）が伴う必然性が根底に横たわっており、当然のこととして、ビジネス環境における昨今の動向をみても、同様な流れを感じ取ることができる。ともかく、改革の本心は小手先で一時的なものではないのと同時に、多くは過去からの延長線上に派生していることは否定できない。しかし、油断し自己保身の満足意識がはびこる微妙な時期に、突然変異による新たな改革の波が、時系列的動きの中からダイナミックに押し寄せてくる。そのときはもう後手に回ってしまい、とりわけビジネスの世界では、後追いのハンディキャップを取り返すのは容易でなく、新たな挑戦を余儀なくされる悔しさと、エネルギーロスは計り知れない怖さがある。

どんな分野でも、権威づけ意識が浸透すると保守的傾向に向かう流れを排除することは難しく、もちろん、経営活動のケースでも、爆発的に売れ行きが増加した人気商品であっても、しばらくすると新しい代替品に取って代わられるときが必ず巡ってくる。経営革新の波も、このサイクルから逃れ出るための防御手段は見当たらず、その罠に陥らず成長するためには、持続的な改革案を用意し先手を打つしか、対応策はなさそうだ。そのためには、連続的で循環的な宿命に対処できる、複合的なサポートシステムを模索する必要がある。競争が進歩をもたらし意欲の源流となる。そのため近頃は、物理学・数学・生物学など広い分野からの動機づけや方向性など、多くの議論と積極的な提起がなされている。とくに、複雑性や創発、あるいは自己組織化や弾力性（elastic）などの思考パターンを組み合わせ、双方から触発し盛り上げてきた成果が、広い範囲にわたり確認できる。しかし、近頃はそれを凌駕する環境変化、つまり、情報通信におけるネットワークの輪が広がってきたことで、イノベーション関連の様相は激しく揺れ動き、従来型の改良対応では安心できないダイナミズムが、産業界の変革を主導していることと、さらに、社会全体にまで波及している状況に、時代の流れと質的変化の激しさを身にしみて感じ取ることができる。

ともかく、自由な発想やオープンイノベーションといった、個の力と協創による開発と総合力化が求められるようになってきたことが、極めて現代的であり特徴的でもある。新製品開発は、個々の企業独自にして秘密裏に推進するのが当然であった手法から、自由闊達な議論を関係先とも協力して取り組んでいくことで、相乗効果を高めていく流れが始まっている動きが、いみじくも示唆している。あるいは、得意な分野を組み合わせて相互補完とパワーアップ、そして本業以外の競争力を先行させる。さらに、無駄なエネルギーを削減しＳＤＧｓ経営実現に取り組み、企業価値を向上させる。もしくは、地球環境の悪化を防ぎ、より主体的な企業経営の在り方を模索する。さらに、異分野との提携や共同開発など、未来思考で異質のパターンが次々と登場してきている現実がある。そして、企業開発の戦国時代ならぬ、創業競争の先陣争いは留まることがない。むしろ、環境保護の立場からすると、加熱感が強すぎるのが心配の種でもあり、無意識的にエネルギーロスを発生させる懸念を払拭できない苦しさが見えてくる。

一方で、成長と革新が求められている状況下でも、工芸美術品分野など伝統技術をひたすら守り続け、そこに価値を見出すニーズがある分野では、これまでの状態を維持できるのに対し、競争に明け暮れる産業活動にとって時代の変化や需要に応えられなくなると、たちまち市場からの信頼をなくし、挽回するのに何倍もの努力を費やさなければならないだけに、安閑としてはいられない。また、表向きは百年企業とか長寿企業礼賛は無下に否定できないが、傾向的には、内情に隠されている実態はオープンな運営条件に欠け、ファミリー主体の影の部分の葛藤に悩まされるケースが多いのが気にかかる。その打開策として、コミュニティービジネスではないが、地域活性化が今後の焦点になると推測し、有志により企業を設立し、共同運営方式を採用することで、全員参加と権力集中を避けることが可能になるだろう。ハイテク化の時代なのだから、ネットワーク化に伴うグローバル化も容易であり、だからこそ、今後の主体は地域経済社会の発展である流れが、自ずと見えてくる。また地域単位の発展こそ、今後の主要課題である国際化による過剰競争オンリーではなく、むしろ、地域主体の取り組みとエコロジカルなエネルギーロスを抑制する活動体系が尊重される方向に向かうだろう。

もちろん、現実に、組織自体の継続性による質の向上と改革の必要性は、ことあるごとに共存したり反目したりする宿命に左右されるのは避けられず、最終的には個々の持ち味の発揮と環境条件の違いに付帯する必然性に伴い、方向性を導き出すのがベターと考えられる。そこに、変化や多様性が求められる過程で評価が定まり、しかも違いがあることが生命線なのだから、共通の評価をあてはめる手法は、必ずしも好ましくないことが理解できる。しかも、これまで以上に個人の経営参画を可能にしたデジタル革命によって、独自のアイデアをビジネス活動に生かすチャンスが、目の前に大きく開けてきているこの事実こそ、革新的製品を生み出す環境と、可能性の輪が広がっていく何よりの証拠といえよう。異質で既定路線の枠組みを超えた改革の機会が訪れ、可能性が膨らんでいる現状から目を離すことなく、良識的なゆとりと思いやりの精神で前に進みたい。

ところで、先駆者が陥りやすい権威主義や保守化現象は、日々活動するたびに必ず派生する塵や垢を拒絶できなくなる危険性を、内包していることにある。しかし、ただちにそして全面的に新しい世界に移行しようと焦ると、必ず反発を受け収拾するのに一苦労する。反対に、部分的にでもステップアップしようとする動きを見落とすと、将来的な可能性の芽まで摘み取ってしまうから、強烈なリーダー先行型とは別にして、通常は、良識的な対応が求められる。もちろん、変化に伴い個々人の能力が短期間に飛躍的に向上するのは難しいとはいえ、停滞することのない厳しく多様な競争を乗り切るためには、意外にも、原則論に立ち返る必要性を誰もが感じる瞬間があることも、大切な自覚要因の一つとして、心に留めておきたい。また、苦しめば苦しむほど、思考パターンの総出動が求められる機会を、見落とすことなく慎重に対処したい。これらの点は、どの分野にも共通する、過去に積み上げられてきた立場を擁護しようとする守旧派と革新派とのせめぎあいで、ひたすら続く既成概念的ギャップでもあることから、あまり神経質にならず、思考のキャパシティーと実態に基づくニーズを軸足にした取り組みの持続こそ、賢明な方向性につながっていくと理解したい。

経営改革を進める上で、第一の追加点として考えたいのは、「地球環境を守る視点」を着実に実行に移すために、これまでも技術革新に必ず付帯する、エネルギーコスト削減と機能向上が常識として受け入れられてきたという点である。そこには、開発競争を通じてコスト削減と価格競争の主導権を握り、企業利益を拡大する戦略が当然視されてきた経緯がある。また、原材料の奪い合いが優先され資源保護の立場が後回しにされてきた流れでもある。しかし、これからは、これらの意識を転換させ、企業活動は、さらに、有限の資源有効活用による、コストカッターとしての責任と義務づけが強化されることだろう。つまり、ものづくりとは、最小限のコストでいかに多くのより良い製品を作り出すか。これまでの、企業利益優先ではなく、地球資源を枯渇させせないための制約条件の下で、環境優先によるにコスト削減が問われる方向に、舵が切られる時代になっている。エネルギーコスト削減思想こそ、資源保護につながり、企業利益は二次的になると考えられる。しかも、生鮮品などは品質もよく、あるいは、健康維持に欠かせない自然栽培に近い商品の提供でなくては、市場に出回ることができなくなる環境意識が優先されなければならない。

さて、当面する経営改革も、漠然とアイデアを出そうと思っても成果が上がるものではなく、ユーザーが何を一番に求めているのか、どのように筋道を立て、組織発展のプランを練っていくのか。この感覚を一時も忘れないことが、成功に結びつくヒントを握っているのは間違いなさそうだ。多くの経営者が、アイデアに富み意思決定する力をもっているように思い込まれがちだが、立場上から求められる、役割と責任を果たすため、常に頭の中で会社の理想像を思索しているからできることであり、最初から特別な能力を備えていたわけではなく、役割と経験を積むことで知らず知らずのうちに身につけた、努力に対する贈り物といった感覚ではないだろうか。

一般的に、個々に持ち味の違いがあることが、多様な選択肢となり想像以上の力となり、新機軸の事業展開を有利に導いてくれる可能性が高い。単純に、一元的な改革案を追い求めているだけでは、宝の山を見失う危険性が高く、折角のチャンスに扉を閉じてしまう可能性があり、広角的な対応こそが、どんな事象にも欠かせないポイントといえるだろう。また、朝起きて思考力が高いときにプランを練ることや、通勤途中のスケジュールチェックや仲間とのコミュニケーション、趣味や家族との会話など、身近な事例も見逃さず、解決策を常に思い巡らせていると、忽然とヒントにつながったなどという、多くの人が体験している事例を生かしたいものだ。意外にも、断片的なヒントや過去に見過ごされてきたさまざまな事柄が重なり合い、走馬灯のようにアイデアがぐるぐる駆け巡り、無心になったとき、突然、具体案が閃き方向性が決まる、そんな感覚こそ疎かにできない。

あるいは、以前から「必要は発明の母」といわれているとおり、最善と思われる解決策を探り出すため四六時中考えを巡らせていれば、思いがけない答えにたどり着くチャンスは必ず見つかるもので、必然と偶然、そして意外性が同時に現われるような瞬間にたどり着く不思議な感覚を、ことさら大切にしたい。もちろん、常に、真剣にアンテナを張り巡らせ情報分析していれば、感性のヒントは突然、閃くことが多いだけに、脈絡がないプランでも心配せず、まして安易に否定や放棄することなど論外であり、しかも、多数の意見のぶつかり合いから道筋が見えてくる雰囲気こそ、理想的なパターンといえるだろう。そうすれば、メンバーの参画意識も自然と身につき期待感も高まり、新たな成果を呼び込み、精神的な満足度は確実に向上する。また、創造的意欲の創出に結びつき、組織的貢献度が大幅に高まり、プラス作用を醸成してくれる。これこそ、自己組織化による成果として、願ってもない理想的な認識による賜物と評価することができる。

もちろん、経営改革を進めるには、組織全体が企業の方向性をおおむね共有し、自由に意見を出し合える雰囲気が容認されていなければ、本物とはいえない。まず、経営層の先覚性と度量、判断力と決断力、執着力と実行力などがベースにあってこそ、効果的に機能し実現可能な筋道へと結びついていく。たとえば、社内規則も売り上げ目標もなくメンバーの主体性に任せる会社も実在しているのに、相変わらず、トップの指示待ちパターンで組織が運営されているトップダウン型のスタイルでは、とうてい実現不可能である組織体制を、思い切って転換し、異質を容認し、メンバー全員の力で乗り切っていく方式こそ、これからの理想的組織運営のパターンとして定着していくと信じたい。新型コロナウイルス禍が引き寄せたテレワーク増加が、思いがけない方向性を示唆しているのではないか。

そこにあるのは、一人一人の能力を信じ任せることで自主性と責任感、そしてやる気を誘引し、予想外の可能性を引き出してくれることを意図した、能力発揮型の組織づくりといえるだろう。給与の自己申告制や成果をお互いに評価し合うことができる組織の強みとは、誰もが管理されるよりも自己管理方式のほうが、意欲的に仕事に対応し、責任感と協調性、そしてモチベーションも高まり、相乗効果となって跳ね返ってくる。しかも、チャレンジ精神の高揚にも結びつき、ダブルメリットを得ることができる。活気のない職場環境では、すべての事態が後手に回るデメリットを抱え込んでしまい、製品開発意欲もサービスの持続性にも無気力化が伝播し、不健康で最悪の状態しか頭に描けなくなるデメリットを抱え込むことになる。リーダー層のほんの少しの気配りと精神的ゆとり、そして、原因究明の柔軟な意識が少しでも働けば改善につながるのに、むしろ、逆に組織的ロスにより機会損失が増えるばかりで、企業価値向上の動きとは逆作用が起こってしまう。

メンバーの採用に当たっても、希望的意見や印象だけで人の能力を計るのは、天気予報ではないが、一発勝負的で、あまりあてにはならない。残念なことに、多くの事例において時間と費用をかけて採用しても、短期間で新卒の30%以上もの人が転職することから考えると（なぜ、これだけの人が選択ミスをするのだろう。働く意識や働く環境の変化など原因はいろいろ考えられるが、年間採用制度の導入や個人の責任において、自律的に就職先を探す方式のほうが、自己判断による選択なのだから当然、真剣になる）、何か双方に無理があるのか、それとも、人材市場が流動的になってきたのか、現状では定かではない。それならば、採用決定はクジ引きで決める方法が非常識だとは、いってはおられない。優秀な人材を欲しいばかりに先手必勝も悪くはないが、相手はそんなことにはお構いなく感覚と直感で動き出すことが多い。たとえば、ＡＩ人材を採用するため、よく引き合いに出される、技術系で世界一とされるインド工科大学卒業生の奪い合いなどは、一流人材を確保したいとする過当競争の激化は、ホットな話題性はあっても、極めて希少な事例であり、また、高度な開発などには効果的であっても、事例としてはかなり特例的な話ではないか。ともかく、入社後の成否は双方の関係性に託すしか、答えの出せない問題であり、結果責任も当事者が割り切って受け入れることができれば、その方があと腐れもなく、前向きに対処できるといえるだろう。

視点を少し変えた経営改革のプラス点として、多くの場合、ダイナミックな転換を目指し、次なる競争相手の出現にも耐えられる品質の維持とサービスの継続性を保つことが、平均的目標値と考えられる。と同時に、肌で感じられる改革意識の具現化が欠かせない。常に新たな提案があり情報交換が繰り返され、しかも、メンバーの数だけ多様な意見が飛び交うことが理想であり、結果的に採否の有無が決められ、予想以上の相乗効果を導き出してくれる。ともかく、否定するよりも肯定、まず挑戦してみることが許される環境条件が欠かせない。そこには、一部の天才的能力の持ち主による、破壊的とも考えられる提案に期待する方式も考えられるが、それよりも、多数の知恵を集め苦労してまとめ上げた提案のほうが身近であり、期待感を高めてくれ、数倍もの効用がある。今後の経営スタイルは、多様な知識吸収型と半面の非合理性が当たり前になり、結果的に、身近な生活に寄り添う有機的商品作りが、浸透していくことだろう。

現代は、ビッグデータの時代であり、機械的な分析データに頼りがちであるが、それだけがすべて信頼に値するわけではなく、人のもつ精神性や情緒的な内面まで探り出すためには、さらに緻密な要素を可能な限り加える対応が、必須条件になる。むしろ、人間性尊重と多様性の視点から改革を促進することが、同じ失敗を何回も繰り返さない、今後の主流になるものと理解したい。そして、避けて通れない大切な要点とは、デジタル化とは背中合わせとなる「人間疎外の無機的な奔流」に流されないよう、注視することではないだろうか。機械化が進展し便利すぎると、ときに人は疎外感をもつようになり、無機的感覚と逃避的意識が強くなり、そこから水が漏れ出す危険性がつきまとい、悪循環が膨らんでしまうから要注意である。

ともかく、経営改革は、個別単位である企業の将来に希望を灯す必須の要件であり、緩やかな全員参加と持続性を保持する日常の真剣な努力、加えて、ユーザーニーズを感知し、敏感にくみ取る上で欠かせない羅針盤的役割を担い、可能な限り全方位で経営基盤を強化する道筋を掌握し、誰にも明かりを灯してくれるパターンこそ望ましい。また、人々の持続的な社会活動を支えるために、経済活動の継続性も大切な要件となる。つまり、混とんとしていても停滞なき活動が継続されることが理想であり、そのためには、繰り返しではあるが、変化の火種が日常的に燻っている環境に加え、人間尊重を基軸に据えた方向性が、切り離すことのできない、あるべき要素であることを意味している。

以上、ここまでランダムに述べてきた項目を中心にして、望ましい経営改革とは、次のような点を強調することができるのではないだろうか。

①全員主役の経営システム
②個人の能力には限界がない
③売り上げノルマは自己申告で
④参加も退出も自己判断が基本
⑤最大限の環境に配慮した経済活動
⑥終わりなき自己研鑽
⑦混とんと多様性なきところに革新はない

どんな時代にも、一気呵成に経営改革が進むことはなく、持続性を保ちユーザーニーズに一歩先駆ける、そんなテンポが人々の安心感と信頼感を得ることにつながり、経営を持続させる支えになってくれる。そこには、人を中心にした組織づくりと、情報価値がもたらす多様性の認識とぶれることのない経営推進が不可欠である。そして、判断力や持続性を支えるメンバーの情報吸収意欲と知的好奇心が、経営革新の主体性を保持し、過剰すぎずいつの時代の流れにも逆流することのない、確かなかじ取りにより乗り切る方策こそが、必須の推進力になってくれるだろう。

9　無機的社会

デジタル化時代は、誰もが長い間待ち望んでいた、待望の自己表現の時代が到来したと、評価することができるのではないか。いつの時代も、同じような期待とセリフが繰り返されてきたことだろう。しかし、今や、大多数の人がモバイル端末をたしなみ、そんな変化をひしひしと感じ取っているのが、常識的な認識といえるだろう。とくに特徴的なのは、電車に乗っても、人の集まる場所でも、ほとんどの人がスマホを操作している姿が、嫌でも目に飛び込んでくる。端末さえあればすべての情報が得られるかのように、画面を覗き込み集中している姿が実に印象的だ。子どもの端末使用は害があるからとか、パソコンを覗いている時間が多すぎるとか、専門家と称する人の声が氾濫している。また、自慢げに新聞も雑誌もほとんど読まないとうそぶく声は、それとなく聞き流し、疑問視する意見はあまり聞こえてこない。このままだと、新聞社も配達する人材不足も手伝い部数は伸びず、販売所の統廃合も進み、多角化を模索し、この先の経営形態維持に赤信号が灯るのではと、心配していることだろう。ともかく、モバイルさまさまの風景が定着し、はばかることなく周囲を席巻し日常化する流れは、もはや市民権を獲得し、そして新しきを望む動きは止まる気配は何も見えてこない。

もちろん、書店も青息吐息であり、書物の売れ行きは当然のように減少するばかりで、一向に歯止めがかからない。その分、電子書籍に力を入れてみたものの、当初の予定数ほど読者が増えているようには、感じられない。つまり、活字を読むのは電子端末依存であり、それで満足している人のほうが多いのだから、印刷媒体とはますます縁が遠くなるばかりで、むしろ自然の成り行きのような雲行きである。政府が音頭を取って、読書推進会議なるもので呼びかけても、大した成果は残せないだろう。翻って、足元では学生時代に活字文章をほとんど読まないまま、疑問も感じず卒業していく学生が多いのだから、書物による長い文章を読むことに興味を示さない人が多くなるのも、あまり驚くに値しない雰囲気が、支配的なように感じられる。多数による影響力は、世論の形成にも関係するのだから、何とも怖いものだ。今や楽をして得を取る精神のオンパレードなのだろうか。

現状のモバイル文化の強みには、もはや太刀打ちできない心境でもあるのだろう。そんな現状からすれば、端末情報で満足する傾向に歯止めがかかるはずもなく、文字文化は衰退一方という惨状を打ち破る手段を探すより、時流に甘んじて白旗を上げるしか対抗手段がなくなり、むしろ、目と耳と音との情報で満足する流れを利用して、自分自身を磨いていくしか方法がないと腹をくくり、流れに身を任す哀れな姿が目に浮かんでくる。時代の潮流に逆らうエネルギー消化意識など、馬鹿げている流れとなり翻弄され続けている。

それにしても、人類の歩みと文字情報に基づく累積情報とは切っても切り離せるものではなく、その裏づけとなる印刷文字を読むことの重要性、つまり読書情報による恩恵を否定するような行為は、長い歴史の経緯からしても、あり得ない状況変化と、言い換えることができる。もちろん、すべての人が読書好きであるはずもなく、一般的には、社会人の35％程度の人が好きの部類に入るらしい。その割合も年々下降傾向であることから推測すると、情報に対処する姿勢や受け止め方が多様化するのは時代の変化の表われであり、最後は個人判断が優先し選択ツールも決まるのだから、周りから無理強いして思惑どおりの成果につなげようと試みるのは、無理難題と映ってしまうのではないか。英語力や国語力がある人は、数学も得意であるとの説も、文字による理解が基本にあるのだからこそ説得力がある。

その代替品ともいえる、地球上をかけ巡る電波情報の洪水が休むことなく押し寄せてくるのだから、とくに活字に親しまなくてもそれで十分だとする人のほうが優勢である雲行きは、今後はさらに混とんとした様相に押し流されるだろう。そんな時代変化の波を押しとどめることなど、ほとんど不可能な成り行きであり、その分、モバイル文化が補ってくれる趨勢と恩恵を見極め、対応するしか、筋道は見えてこない雲行きだ。しかも、便利になりすぎて、何ごとも安直に対応しようとする考え方が、さらに顕著な形になって表われることは、避けられそうにない。それでも、物理法則に沿った時計の針は休むことを知らないまま歩み続けるため、多少の不満があっても時の流れに身を任すしか、時世を乗り切る知恵は浮かんでこない消極戦法が、さらに幅を利かす方向が強まると考えられる。

つまり、身近で安直に得られる情報に洗脳され満足している層が増える傾向を遮断するとなると、ハイテク機器主導の身近な情報を必要に応じて入手できるツールを否定することを意味するだけに、むしろ、時代錯誤と受け止められ、逆に、批判にさらされる可能性が強くなる。情報の質よりもタイミングと読みやすさ、中身は薄くとも数の多さと簡便さが歓迎され、誰もが評論家気取りになる雰囲気が充満しているのだから、いまさら目覚めた子をなだめるような、見え透いた対応など歓迎されるはずもない。いまや、質よりも量と目先感と軽薄感であり、中身の重さより時代性や仲間の反応が気にかかり、大衆迎合の波は、自己満足予想をはるかに超えた、拡散性と浸透性と手強さを見せつけてくれる。その分、漫画文化が捕捉し、むしろ健闘しているように感じられ不思議な気分になる。

だが、少数派のやせ我慢としては、能ある鷹は爪を隠す、のたとえではないが、表面的なカッコよさよりも隠されている能力の高さとは、継続的な読書や学習を通じて得られる部分が多いだけに、安易に得られる表面的知識よりも深く着実に身につく認識のほうが、歴史的経緯から判断しても、間違いないと言いたいのだろう。また、質の高さとは、得意もしくは好きな分野にまたがり興味をもち、論理性や合理性を身につける努力を、持続的に積み上げることで身につくものであり、しかも、自然体で制約されずに時間をかけ、醸成できる流れからこそ質的違いが見えてくると信じたいのだろう。だからこそ、身近にあって断片的な成果を求める手段ばかりにはまり込んでしまうと、自身の考え方が希薄になり、化けの皮が剝がれてしまう危険性は拭えないと。もっとも、読書とはいくら読んでも、これでよしとする限界線があるわけでなく、しかも、多読しても頭に残る記憶は長持ちしない。となると、読書ができなくなるまで、継続して読み続けるしか、手段がなくなってしまう苦しさがある。たくさん読書しても、必ずしも賢くなるわけではないが、時代に乗り遅れないためのやせ我慢に終わってしまうのか、それとも少しばかりの優越感なのか、この点は人により感じ方が異なるのは必然であり、謙虚さと持続力の大切さと自分自身の内心の満足感として、心に留めておけば、それで十分ではないだろうか。

少し気取った表現をすれば、周りの人の評価など期待するものではなく、ノーマルに滲み出る教養こそが、読書の成果であり、やんわりと人望を呼び込む理想的な形となって、無意識的に醸し出すものだと、受け止めることもできる。現代は、便利になりすぎて、欲しいものが何でも手に入るがゆえに、欲望はとどまる所を知らず安易な妄想に引き込まれ、突発的に実態を混乱させる情緒的アクシデントが、各地で頻発しているのは悲しいことだ。その多くは、表面的豊かさを勘違いし、過剰な生産活動により地球環境の破壊や気候変動、あるいは、貧困や紛争の拡大などへの配慮を後回しにし、理不尽な自己中心主義ばかりが優先されてしまった。その分、周りとの不協和音を拡散し、善悪の判断なしに無差別に多くの人を悲しみのどん底に落とし込むのは、配慮や気配り不足と自己中心意識を、抑えきれなくなっているからではないか。

そして、自分にとって不都合なことに対しては、理性的な感性など問答無用にしてしまう怖さが表出する（もっとも、医学的な視点では生まれもった特有の現象でもあるらしい）。この点に関しては、地道に読書し活字文化を楽しむことで、多くの知識人や異質な知恵の持ち主から英知を学びとり、抑制する力や批判精神を養い、社会のために貢献できる人格を少しでも磨くことができるよう願うばかりだ。同時に、一人では学べる範囲に限界があるため、読書を通じて他人の知恵を拝借し、足らない分を少しでも補完しようと努力する。言うならば、知識の分業による成果を吸収する、賢い方法論ともいえるだろう。

このように、降りしきるデジタル化社会の到来は、過去に何回も人間社会を急速な変革に導いてくれた事例を呼び戻し、貴重な教訓を鮮やかに蘇らせてくれると思いたい。しかも、このところの変革はそれを凌駕する、劇的な転換の可能性を包み込む確かな動向といえるだろう。なぜなら、後でも取り上げるように、人間社会自体が過去に経験したことのない、特異な環境に入り込もうとしていること。つまり、人工の機械人間との調和という不確定性要素の高い、異質な転換が待ち受けていること。しかも、それ以前に現実の課題として取り組まなくてはならない点は、誰もが必要とし不可欠と勘違いする怪しげなデジタル情報までが、手軽に手に入るようになったこと。また、あらゆる分野において、人手に代わるデジタル化をベースにしたロボットやセンサーによる、社会活動への介入が不可欠であること。自動運転車や空飛ぶ自動車も試乗運転が始まっており、さらに、鳥と同じく空飛ぶ人間時代も到来している。フランス人の発明家がフランスからイギリスまで、単独でドーバー海峡飛行を成功させたニュースが、２０１９年8月5日に紹介されている。こちらのほうが、夢と希望と将来へつながる可能性を、大いに膨らませてくれる。

さらに、ＡＩ化が進行すると、すべての生産活動や日常生活もロボットが代替する社会へと順次移行した場合、そこには、どんな姿が想像できるだろうか。身近な事柄から振り返ってみると、これまで、人々の目が隅々まで行き渡っていた当たり前の環境が時間とともに分断され、その代わりを高性能機械がサポートしてくれる変化とは、仕事そのものが機械によりコントロールされるため、規格化や統一化がさらに進行し、さらに単純化につながっていく。同時に、コンピュータ処理が当たり前になる分、人は単純操作だけでことが済んでしまう。あるいは、機械任せにできるため、周囲との気配りや相手を思いやる気持ちを必要としなくなる場面が、増えていくだろう。すると、いわゆる無機質的な感覚の人間関係が当たり前になり、コミュニケーション不足や心遣いなども希薄になる場面が増えるのを、避けられなくなる。そのことに関して、次のいくつかの視点から述べてみたい。

従来の体を使い、周りとの調和や関連性などへの配慮が、人と人との重要な交友要件であった関係が希薄化し、しかも、技術改革が進めば進むほど反比例するように、人の手を必要としなくなり、一層その関係が薄らぐ状況に入り込むことだろう。表現を変えると、以前の人との関わり合い中心の生活が、有機的な人間社会を支える必須の要件だとすれば、今後の関係は、個人中心で好きなことだけに関心を示し、機械的で感情分散型の無機的な人間社会が待ち受けている、と言い換えられる。

農薬まみれの野菜は、見た目は美しくても味には満足できないことが多い。ハウス栽培の野菜や工場生産される野菜は、季節を問わず食卓を賑わせてくれるありがたい存在でもある。また、人間は特殊な存在であるといわれているように、路地物の野菜だけでは満足できず、一年中栽培可能な、ハウス栽培手法を導入してきた。そこには、化石燃料を大量に使い温度調整を可能にし、大規模農業は別にして、ビジネス本位の生産体制を定着させている。しかも、今後、世界の人口が増加することから判断して、遺伝子組み換え野菜や穀物を増やすことは、当然の成り行きだと真っ向から圧力をかけてくる大国の横暴が加わり、資本主義体制による利益体質を擁護する絶好のツールとして既得権化し、表面的には極めて効果的な生産体制として認知されている。

この手法を使えば、魚介類の養殖も家畜の飼料も不衛生な短期生育手段も正当化され、やがて批判の矛先を見失ってしまい、むしろ、時宜を得た人類の成長の証としてすり替えられ、正当論ばかりを先行させるのが、現実の社会システムでもある。このままだと、有名なポパイの漫画ではないが、「オー、なんてこった」と気がついても後の祭りになってしまいそうだ。これら負のサイクルは、結果的に人間はもとより動植物にも反作用の弊害を及ぼすなど、身勝手で独断的な所業を見るにつけ、神様ですら鉄槌を持って諫めたい心境になるのではないか。それとも、独裁者は遠からず自滅すると、静かにそのときがくるのを、見守っている心境だろうか。時折、正直そうな農家が消費者をないがしろにし、古い野菜を平気で分けてくれる意識と同様なものを見せつけられた気分になる。

そんなことを繰り返しながら、人類はこの先、遠い未来まで、生き延びていかなければならない。そんな甘い未来が、永遠と保証されることはないだろう。しかし、そこに欲望が芽生え競争に勝ち残り、他人より豊かになりたいなどの欲望が、限りなく噴出してくるのを抑えきれなくなるのが、凡人の常なのだから、少し我慢していれば通り越し、常識化されていく。この辺から、正直者は無視され強者優先となり、人心配慮に乏しい無機的要因が加速され、過当競争に突入していく。為政者になれば、政治的判断にさいなまされ、ときには、自国ファーストと国民を煽り立て、自らの矛盾は一向に気にしない強心臓ぶりを発揮してくる。企業の独善的ＣＥＯであれば、少しくらいルールを無視しても、自己保身のため手抜き工事や違法な取引を押し隠し、ボロが公になるまで平然と白を切ろうとする。ここにも無機的要因が無意識的に作用していると、追認することができる。やはり、適正価格でより良い製品を提供し、消費者の安全を優先させる意識こそ、本来の有機的要因重視の姿勢であり、長期的な満足感を利用者に届ける役割を全うできるはずだ。

しかし、現実は自然環境を踏みにじってまでも、目の前の欲望を実現するために利益優先意識が先行し、最後は信頼失墜という醜態をさらし出して目が覚める。少し弁解すれば、生物に共通する生存競争に勝ち残る習性を抑えることの難しさから派生している課題だけに、根元の部分まで変える振りをしても、良識的な多くの人の目には、茶番として映ってしまう。それにしても、進化すればするほど、無機質的傾向に入り込む風潮が強くなるのは、社会変化に伴い伸張し続けるため、避けて通れない苦しくて難解な側面を包含している、制御困難な課題だといえるだろう。しかし、人間社会はこれまで、積み上げられてきた無限大ともいえる英知により、有機的要素の重要性を十分認知しており、かつ抑制手段も多くの経験から学び取ってきたはずなのに、それでも脇道に走る愚行も数知れず犯し、資金面や数の論理に負け、無言の多数の善良者まで無理やり罪に陥れ、大衆迎合の弱い側面を修正できないまま、同じような愚を繰り返すことは、この辺で終わりにしたいものだ（誰にも避けられない寿命という制約も関係がある)。

だが、その抑制手段も、貧困や格差問題など多くの難しい課題を抱えながら時代的な変化、そして自動化が進めば進むほど周囲とのコミュニケーションに異変が生じ、従来の細やかな人間関係に亀裂を生む矛盾は、一層拡大することだろう。皮肉なことに、文明が進み、知識を共有して民主化の手段も手に入れたはずなのに、むしろ、反動的に大事な人間関係がギクシャクする結果を招く危険性は、むしろ混迷化を深めるばかり。つまり、自由な社会になればなるほど、アブノーマルな事態が増え、予想外のアクシデントが頻発する可能性が、必然的に高くなる傾向は避けられそうになく、理想と現実のギャップを埋めようとする苦悩は、時間の経過だけはつきまとうものの、安心感を与えてくれそうにない。このように、具体的な善意を積み重ねることが困難なのは、個の多面性まで否定できない点に、起因しているように思えてくる。また、個と全体、全体と個の調和のギャップを埋めることは、極めて調整困難であることを示唆している。もしくは、人とは弱きものであり、矛盾の塊なのだと解釈するほうが、むしろ正解ではないかと思えてくる。皆が平等であってほしいと願うこと自体に無理があるのだろうか。

また、好意的に解釈すれば、科学技術の発展により生活が便利になり、その分、文化度も向上し思考レベルも常識的行動も向上するものと、単純に受け止めがちだが、むしろ、現実は予想外の事態が多発し不安や危険度が増し、戸惑いを隠しきれない事態が増加しているのが気にかかる。言うまでもなく、食料品も自然栽培物のほうが、再生困難な枯渇エネルギーを使い健康的に問題がある人工栽培・無機的栽培のものよりも、味もよく実も引き締まっているのが常識的である。人類誕生のころは、野生の動植物に頼らざるを得なかった。その名残はいまだにＤＮＡとして体に染みついており、これからも変わることはなく、有機的機能の本質的価値・有用性と健康管理につながる有難みを、より促してくれることだろう。それでも、人の本性やとまどいは隠しようがなく、肝心なところで本筋を外すことがあるから、用心しなければならない。正解がわかっているのに、実行動では反対票を投じてしまう脆弱性を、非難することの難しさを教えられることになる。鳥も虫も、人よりも自然栽培の野菜の葉を、優先的に選ぶ賢さと味覚能力を備えていることを見落とし、むしろ人のほうが、生活レベルを優先させるため、横道に反れてしまう悲しさが見え隠れする。

再度振り返ってみると、人は、その都度、自然現象を軽視し有機的生き方から、便利さを優先した生活体系へ移行する政策を、猛烈な勢いで推進してきた。そこには、土壌を豊かにする、水源地の保護と海水汚染対策、森林保護と動植物との共生など、有機的な環境を積極的に推進する必要性など、目先の動静に影響され、成り行き的に置き去りにしてきた経緯がある。その流れは、大事な自然の環境サイクルを崩してしまい、その代わり、技術革新と産業活動が活発化することで、好むと好まざるに関係なく無機的要件を倍加させ、自然破壊の拡大と利益追求優先思想を幅広く拡散してきた付けは、将来への過重負担を背負い込む事態に入り込んでしまった、逃れられない現実がある。豊かさや便利さの付けは、結果的に所得格差や就労不安を引き起こし、人心の乱れと個の主張が恣意的になり、不信感が蔓延するなどプラスの物差しだけでは測れない、新たな事態が次々と露見している。

その結果、自己中心志向が強まり、環境変化に無関心と無意識的で排他的になるという、現代病的兆候が随所に現われ、社会的不安にもつながっている。就職難民ではないが、変化の速さと多様な要素が混在するようになり、新たな職務に馴染めない人が増える傾向に、むしろ、拍車をかけている感じが否めない。無機的人種はそれなりにデジタル中心の業務には適応できそうに考えられるが、むしろ、落ちこぼれ的に自分の小さく不自由な殻に入り込んでしまう危険性が増している。心理的要素の重要性は、むしろ、精神的に不安な要素が個人の危機意識を振幅させ、ストレス的不安を増幅させる要因につながっている。これまでの人の意識が主体となり物事が処理されてきた常識的流れが、時代とともに希薄になり、とくに、ロボット化時代はコンピュータ処理が常識的になり、人の役割は、最終判断だけで済んでしまう形態の変化へと、必然的に大きな転換の波が押し寄せ、好むと好まざるとに関係なく、無機的な圧力が増す難しさがある。その対応次第で、人間関係という立ち位置と内容は、無意識的に希薄化していくだろう。

そこには、前後の脈絡や関係づけなど細かなことは気にしなくても、多くの事態が機械的に処理される形態は避けられない。ところが、機械処理だけでは答えの出せない、突発的事態やプログラムにはない例外事項など微妙な部分は、置き去りにされる懸念は隠せない。もちろん、コンピュータ処理で、すべての事柄が完了することなど、およそ不可能であることは明白であるにもかかわらず、期待値だけは大きく設定され、人間不在の要素が増すことになる。しかも、気分的には、自分のことだけ考えていれば、すべてが回っていくものと受け止めている世代が増えていることが、問題発生の根源になっていることに気づいていない。面倒なことは、コンピュータが処理してくれるのだから、与えられた自分の責任範囲だけ処理し、余分なことは無視しても気づかない。または、コンピュータまかせ意識が強くなり、大事なコミュニケーションよりも、機械化による効率ばかりを意識する弊害が置き去りにされ、人間疎外の要因が無意識的に進行する。そこに、ケアレスミスが多発し、むしろ事故が増えてしまう。

国内では、人手不足が深刻になり、どこの職場でも影響を受け、廃業などの事例も当たり前の雰囲気になっている。大手企業でもこれから先、今まで以上に先端技術部門の人材不足を解決することは簡単ではない。コンビニでも、担当者が素人集団に代わり、ついに、話題になっていた24時間営業も、風前の灯火という変わりようである。優秀な人材の確保は、世界的な競争環境となり、とくにＩＴ分野関係の人材の確保は容易ではない。そのため、あらゆる分野で業務間に隙間が生まれ、その分を人工知能で補完する対策が注目されるのは自然な動きといえ、この質的変化の諸相を考えたとき、先行きの不透明な課題が重くのしかかってくる。そして、足の引っ張り合いや陰湿な個人攻撃が増えるのを阻止するには、社会的な意識革命や政策部門の目配りとセンサーや高度なチェックシステムによる態勢づくりが不可欠になる。

そうでないと、中小企業やサービス関連分野など消費者との接点が多い分野では、業務を進めるうえで間隙が生まれ、取扱製品に対す信頼度まで低下させ、致命的欠陥を暗示する赤信号を見落とす頻度が、さらに高くなるだろう。また、新製品開発や機能向上にばかり気を取られ、肝心の正しい商品知識をもった担当者不足のため、またとないビジネスチャンスを取り逃がす動向が憂慮され、経済活動全般に波及するおそれがあり、深刻さを増すだろう。同時に、価格だけでなく質や実質的価値に対する消費者の関心は高いのに、その期待に応えられず、チャンスを逃す事例が不可避的に派生することだろう。ＩＴ化にばかりに期待が膨らみ、販売時点全体が機能的で合理的に対処され、事故は未然に防ぐことができると受け止められがちだが、現実は無機的で通り一遍の販売が増え、むしろ、機会損失が増える傾向が多くなることに対して、真剣な解決策が求められても、対応に苦慮する事態が多くなることが予想される。

とはいえ、ＡＩ化、もしくはＩＴ化の進行により、人的補完を軸にした有機的効用は脇に置き、しばらくの間、無機的要素が増加することは避けられない反面、そこで生まれた余裕分を、本来の温かい血液の流れを伴うポイントを機能的に補完し、実践行動に振り向ける必要性が生じてくる。つまり、ＩＴ化進行により、人間性の毀損が進行し、人本来の思いやりや気配りは形式的になり、ビッグデータに象徴される情報革新の動向にばかり心を奪われ、ネットワーク関係を通じたソフトな活動が、次第に後方に隠れてしまう危険性が露見してくる。しかし、相互利益と信頼関係、エコロジー循環による健康重視の製品開発と均衡価格製品の提供など、ここにビジネス本来の目的と成長をもたらす根源があると認識し、緻密な対策を行動に移すことで対処する方向性に期待したいものだ。

本来、時代が求めるのは、有機的機能の促進でなければ意味がないはずなのに、無機的で効率一辺倒の姿勢はそれを否定する動きであり、念願とする人の心に入り込むビジネス展開を可能にする、大事な方向を見失ってはならない。誰もが求める基本的な有機的思考こそ、ビジネス活動や人本来の方向性を満足させてくれるものであり、この視点が外れると、たとえば自動運転車や会話のできる人工ロボットの性能が格段に向上しても、心理的不信感や予測不能な偶発事故などを防いでくれる期待感は、むしろ遠ざかる懸念が払拭できなくなる。

大きな課題は、以前よりもあらゆる場面で多発しており、それだけ解決策の難しさを暗示している。すべての事柄に対する期待値は高くとも、科学技術の進歩が無事故社会に導いてくれるとの淡い期待は打ち破られ、次々に現われる難問との格闘が追い打ちをかけてくる。その間にも、人の無機質的意識はさらに進行してしまうため、技術革新と人との宿命的関係性に配慮した、高度な機能精査と対策を先行させる取り組みが、重要な課題になるだろう。ともかく、先行的対応と重点的な取り組みを強化し、解決しなければならない試練が待ち受けており、そこを乗り越えるために高度な技術的せめぎあいが続くのは必至である。ただ、この問題は人間社会の多様性や累積的知識や慣習の違いでもあるだけに、無理矢理に統一化できるはずもなく、かつ意味もないことを知ることになるだろう。また、違いを容認して全体像をまとめ上げるという大きなテーマが提起されても、使い手である人の意識との乖離をどのように埋めることができるのか。このように、人の進化につきまとい、切り離すことのできない永遠の宿題に対応しつつ、豊かな社会を模索し理想郷に近づけるのも容易ではない。

ともかく、人工知能時代は斬新的な生活環境への転換期であることを大きなチャンスとして認識し、そのうえで、人類の永遠の宿願である生態系との調和による、有機的環境社会の実現に邁進するのが共通の夢であることと、なんら矛盾するものではない。これこそ、千載一遇の贈り物として後世につなげ、地球が、全生命にとって生き甲斐と希望に溢れ、太陽系に属する貴重な惑星であり続けることを願わずにはいられない。もちろん、盛り上がりを見せている国連主導のＳＤＧｓ活動の精神を少しでも前進させ、とくに飢えや水不足、そして貧困などで悩んでいる人々の救済が実現することを願い、強く心に刻みながら発展的進化を見守り続けたい。

10　共生の経営

人類の進化を紐解いてみたとき、歴史的経緯の中でも特徴的であり、かつ中心的要件と考えられるのは、「産業活性化の推進」を成し遂げたことと、その活動を支えるために技術革新が顕著になり、生活水準を引き上げ、しかも行動範囲を広げ、時間をかけて豊かさや満足度を向上させてきたこと。その他多くの事項もその延長線上にあると表現したら、他の分野の人々から非難ごうごうだろうか。その賛否の詳細はひとまずおくとして、ともかく、生きるためには食料の確保が絶対条件であり、常に、天候の変化や各種の生存競争などが繰り返され、その関門を通り抜けることができた、いわゆる幸運な人たちだけが命をつなぎ、累積的に多くの事柄を積み重ね進化し形成されてきた、苦難の道のりとともに現在がある。ここでの進歩とは、端的には暮らしやすさや便利さを求め生活の質を向上させる、有力なパートナーなのだと解釈することもできる。その推進力となる中身は、可能な限り多数を見込み勤しんできた経済活動の存在であり、そこからもろもろの満足感や達成感、ときに挫折感、もしくは紛争などを味わいつつ、直面する壁を乗り越え、ひたすら高みを目指し歩み続けてきた流れにつながっている。

その進行形が、今日のハイテク化された企業中心の、経済活動に他ならない。その企業活動も人そのものの組織であり、言わずと知れた経営リーダーがいて従業員が勤務している形態が一般的である。ただ、この形態も、近未来、さらなる変化が予測されている。その変化とは、在宅勤務でありテレワークであり、宇宙空間の活用であり、さらに、話題の主役たる、人に代わる人工ロボットの登場であり、これまでとは類を見ない人工知能革命により、人の役割を代替して担うことになるだろうと、諸説紛々たるものがある。それだけに、経営活動を推進するためには、従来型のリーダーシップの在り方に加え、これまでの経営形態にも、大幅な変革が予測されるのは必然でもある。同時に、働き方改革や技術革新、有能な人材の確保を急ぎ競争力をいかに向上させるかなど、地球規模での話題づくりや人材確保などや雇用形態の変化の動きが混在化し火花を散らし、先手必勝の対応策づくりに邁進している。

まず、組織のリーダーシップに関しては、企業経営のあらゆる場面を通じて、あてどなく論じられてきた古くて新しい、しかも誰もが関心を寄せている連続的テーマでもある。そこにはリーダーの存在意義と、人に関する複合的で繊細な内容が包含されている。それぞれに認識の度合いも遠くて近く一様ではない事柄といえる。また、誰もが、あたかも理解しているかのように安易に持論を開陳できるため、常に異論が交錯し続け取りついて回る、悩みの多い不可避で不思議なテーマと考えられる。それだけに、正解を求めようとしても、その場限りで興味本位、もしくは評論的な視点を寄せ合わせた中身に終始する傾向は、どこまでもぬぐいさることができない。

つまり、どんな場面でも、リーダーの必要性は認めていても、それぞれ固有の場面におけるリーダー像を頭に描いている上に、選定要件が一様ではないため、結果的に、勝手な理想論を一方的に述べるに留まるのが落ちなのだ。むしろ、理想的リーダー像を探し出そうとして深掘りしないほうが、賢い選択であり時間の節約でもある。あるいは、最後は当事者本人に対する限定的評価に依存した、無難な結論に落ち着く傾向も、それほど変わることはないだろう。それだけに、理想とするリーダーへの願望と、組織をマネジメントする強力な経営者の存在に、意識が集中しがちで勝手な世論の動向には、部外者の意見などさして反映されないまま、常識的な答えが無残に跳ね返ってくるだけだ。

このように、理想的リーダーとは誰もが大なり小なり、持論をもっていると理解しても異論はないだろう。とくに、本人が所属する組織であれば、ひそかに自己実現願望も含めた理想論を、何かと心に秘めているのではないか。自分がリーダーになれば、このようにして組織を充実させ業績も改善し、社員の満足度を高められる。こんな夢は、誰もがもち、憧れていても不思議ではない。しかし、周りの人は全員ライバルなのだから、願望と実態が遊離したとしても、簡単に自己意識を取り下げるわけにはいかないから始末が悪い。

企業のリーダーは、社内の選挙で選ばれることは極めて例外的であり、ほとんどが取締役会の意向で決められることが多い。ただ、最近は、株主総会で否決される事例が増えているように、以前ほど創業者の意向が通用しにくくなっているのは、会社制度も少しは前進しオープンになっている証と、解釈できそうだ。しかし、それにしても、多くの場合、オーナー経営者の威光は、本音のところで簡単には崩せない。大株主であり制度面から擁護されている利点が、サポートしてくれるから大損失やスキャンダルでも起こさない限り、その牙城は簡単には揺るがない。ありがたいことに、創業者で大株主であれば、その権利と強みが脈々と引き継がれる。日本は世界有数の長寿企業国であるのは、義理と人情と草食系で意思表示が曖昧であること。同時に、表面的な絆と伝統を守る意識の強さ、島国であることによる革新的よりも保守的傾向の強さが勝ることなど、さまざまな要因が関係しているように思われる。それだけに、上場企業の50％以上がオーナー企業だとなると、リーダーも必然的に、血縁関係など人的つながりがある人により占められてしまうため制度的に攻めあぐね、しかも、法的ストッパーが後に控えているのだから、何とも心強い限りであり持続性を維持できている。

では、その関係の人たちは皆、リーダーにふさわしい条件を満たしているかとなると、そんなに生易しいものではなく、スキャンダル的失敗例も後を絶たない。しかし、それでも特別に不都合な事態でも起きない限り、暗黙の了解として承認され、後継者として責任を負わされる道が用意されている。ここでの弁明は、優秀なリーダー論よりも、また、組織を継続させるのに必要な合理性や適性よりも情緒論が最優先となり、少しくらいの異論があっても、最後には抑え込まれてしまうケースが多いのが、実態といえよう。ただ、株式保有率を盾にした組織構造が常識だけに、大株主に立ち向かうのは容易ではなく、相当、緻密な攻略手段を練り上げない限り有利に展開することはできない。それでも、海外のものを言うファンド系の株主提案を無視することは、難しくなるばかり。

だが、立場が人を作るとの通説があるように、中には先代よりも優秀な人材も現われることもあり、いわゆる瓢箪から駒が出ることもあるから、血筋だけを攻撃材料にするのではなく、実績中心と人物像で評価するのが、本来の姿といえよう。しかし、企業組織はオープンが基本であり、新規参入者を受け入れ、しかも循環型組織として、そのときの優秀な人材を発掘する努力こそ、望ましい形といえよう。将来的には、相当数のチェック項目をコンピュータに分析させ、人物判定させるときが来るだろう。それでも、機械分析の味気なさを消し去ることは容易ではない。こんな流れに流動的要因が強まり、かつ、ここまで述べてきた諸条件が重なり合い、制度整備と相まって変化への期待は着実に進展するのは間違いなさそうだ。

そして、リーダーシップの有無とは、まず、親の遺産を引き継ぐケースの人はとりあえず別にして、その他の組織人に関しては、暴論かもしれないが、関係者全員が、何らかの特性をもち合わせていることを前提にして推論すると、誰でも、意欲さえあればリーダーとして活躍できるチャンスが巡ってきても、何ら不思議ではないことを意味している。そこには、公平に経営者として独自のスタイルで経営活動に参画できるという、一層明確な方向性が見えてくる。となると、誰にも可能性の扉が大幅に開かれるわけだから、従来の選出スタイルは覆され、各種原則論も修正を余儀なくされ、新規性に富んだ予想外の成果につながる期待感が膨らんでも、何ら不思議ではない。そして、組織形態も上下関係も人間関係の構図までも、変えることができるだろう。また、これまでの原則論を前提に組み立てられてきた組織バターンも崩れ、柔軟で新規性に富み、これまでの上下関係とは異質な相乗効果を生み出す組織形成が、可能になると考えられる。まさに、とてつもない能力を有した量子コンピュータが運用される時代になれば、これまでの常識が通用しなくなり、人間を凌駕する微細で多面的であり、飛躍的な可能性が高まることで、発想の転換が容易になり、根本的な変化の局面に対峙するのに好都合な、人プラス強力サポーター役として、存在感を発揮してくれる場面が増えると考えられる。

また、人を生かすこととは、原則的には後継者はいくらでも控えているわけだから、交代要員に悩むこともなくなる。それでは、組織が破壊され企業運営が立ちいかなくなるとの反対論が、大多数なのは承知のうえで、むしろ、各人のもつ能力を信じ、受け入れ態勢を綿密に準備し対策を進める前向きな意識こそ、成功への決め手になるはずである。そこには、イノベーション発想オンリーではない着想と構造変化が起こり、むしろ、新パラダイム論ともいえる転換につながることを、期待できるのではないか。もっとも、すでに独自の考え方として、全員がリーダーとして組織運営を実践している企業も存在しているのだから、それほど驚くことはない。また、リーダーの意識ないしはメンバー全員の考え方で採否が決まり、成果を上げてきた事例も存在しているのだから、意識的な全員能力発揮型組織の運営は、「案ずるより産むが易し」ではないか。誰もが持ち味を発揮できる、共生の経営マインドの醍醐味が見えてくるのは、当事者相互の意識ひとつにかかっている。

その前に確認しておきたいのは、既存のリーダーシップ論に適当な人材をあてはめてみても、成功する確率が保証されるわけでもなく、また、順番にリーダーが交代して目先を変えていく手法では、いわゆる企業間競争が厳しくない時代には通用しても、今後は時代の流れの速さから勘案すると、太刀打ちできなくなるのは明らかであり、また、知識優等生タイプのリーダーでも困難であることが、常識論となり追認されていく現状も見逃せない。それよりも、チャレンジ精神と柔軟な発想ができ、しかも人間性豊かなリーダーが基本的に重用され、かじ取りを任されるように変わっていく。さらに、付け加える要因として、学校教育における基礎能力を身につける期間と、社会人として教科書では教えてくれない複雑な知恵を体得し、サバイバルできる能力を身につける期間の長さを比較しただけでも、必要な資質の違いに対する必然性に気づかされる。

しかし、これだけ延々と受け継がれてきた理想的パターンであっても、目前に迫っている変化対応型のリーダーに求められる適性を再確認し、大胆かつ綿密に行動に移し、新たな時代を乗り切る方向転換の必要性を見落とすことはできない。たとえば、その急先鋒の経営者として知られる永守重信日本電産会長は、偏差値とブランド信仰教育を厳しく批判し、実業界で能力発揮できる人材教育のため、京都先端科学大学を設立し、世界と戦える本格的なリーダー養成に取り組むと勇んでいる。年中無休という厳しい猛烈な自己体験からくる自信とバイタリティーは抜群であり、将来を見据え、歯に衣着せぬ発言と経営センスは飛び抜けており、数少ない異能な経営者として注目を集めている貴重な存在である。これらの感覚が浸透すれば、従来の流れは否が応でも足元から瓦解し、新たなパターンに入れ替わることは間違いないと考えられる。

中には、学業も社会人としても、また人生すべてが一流とされる数少ない人が存在しても不思議ではない。しかし、そんな人は一握りにすぎず、巡り合うのも容易ではない。だからこそ、若いときに冒険させる欧米式の個人自律型の能力尊重パターンのほうが、その期待に応えてくれる確率が高くなるのは当然でもある。それに比べ、日本式のしがらみ教育と画一教育では個性が抑制され、少し異質だと特別扱いされ陰に押しやられるのが落ちである。その弊害は、全員が同じ方向に向かう力は強くても、地球規模の競争関係の時代には、ユニークな芽が育つ確率が低くなってしまい、異能なイノベーションを触発する可能性の芽を摘まれ、大事な国際的な競争力に後れを取る怖さを、拭い去ることはできない。

だが、長所としては、改革ばかりに目を向けるのではなく、長時間働き、勤勉で質の良い製品を、粘り強く生産する能力に長け、信頼を得ることに結びついている利点がある。その点、欧米では細かなことにこだわらず、規格どおりで粗悪な商品でもそれほど気にせずに使用し、むしろ、日々の生活をエンジョイすることに神経を使っている違いが感じられる（ただし、アメリカの離婚率の高さや引きこもり、銃乱射事件の多発など、かつての神話が崩れているのは気がかりだ）。ただ、昨今では、国外からも日本の製品と質的に変わらない平準化された商品が、市場にたくさん出回るようになってきた。さらに、コンピュータ処理やロボット主導の生産体制が進化し、その傾向がさらに敷延（ふえん）化し、競争力で上回る事態になったとき、日本の立ち位置がどのような状況に変化するのか心配な種でもある。しかし、ＡＩ時代は、変化対応への要件が満ち溢れてきている点を見落とすことはできない。

以上、あちこちさ迷っているうちに感じられた、過渡的なリーダーの条件について、改めて取り上げておきたい。

①長い目で人を育てることができる
②時代の推移を的確に読める
③自己利益よりも他者利益を優先できる
④環境対応に敏感である

これまで、常識的なリーダーになるような人は、おおむね自尊心の強い人が多いのは間違いなさそうだ。とくに、上級国民（とは恐れ入る）と称される人は、とくにその傾向が強く感じ取れる。しかし、このところ、自縛的にひんしゅくを買うような事例が世間を騒がせているのも、時の流れが、些細な事態を炙り出し弱点を探し出し批判する傾向が強くなっている点も関係がある。もちろん、自分の出世街道ばかり意識し、部下の面倒見はあまりよくないタイプだと、周りも形式論優先意識が見え見えになり、本質的な問題点は後回しにされ、じわじわと悪影響が浸透し、非生産的で責任逃れが横行し、組織的には、実に始末が悪い結果をもたらす。もちろん、最終的に、権威主義的傾向はいつの時代にも歓迎されることはなく、任期が長くなるほど、醜態をさらけ出すのを止めることはできない。だが、今日のモバイル民主化の時代は、全体的無責任意識と素人化傾向が浸透し、そこにハイテク化が進行することで、大事なメンタル面の意識が、さらに衰退する傾向は避けられそうにないが、一方で、人工知能の進展や情報公開性が権威主義の闇をこじ開け、変化の兆しが着実に浸透し始めている点が期待を高めている。

ところで、真正面から、組織が人を作るのか、人が組織を作るのか問うのかは別にして、後継者の育成やメンバーの能力向上を積極的に推し進め、組織力の強化に力を尽くすのがリーダーの役割と認識している組織では、社内の士気に雲泥の差が生じてしまうのは、明らかではないか。同時に、良きリーダーは、人間的にも組織人としても、良き先輩でなければならない。社員の能力が向上すれば、経営も安泰し、次の戦略も容易になり、循環的な好作用が働くようになる。言うまでもなく、人あっての組織であり、しかも、自律型社員の数が多いほど、組織変革への道が開かれる可能性が高く、商品開発にも組織活性化にも効果をもたらすという、願ってもない有機的相乗効果が待ち受けている。

今後のリーダーが頭に入れておかなければならない点は、トータルな面において環境負荷を増やすことなく、地球環境保全への取り組みを推進するのは、必須事項であること。同時に、周りのライバルたちが皮相的な状況変化に神経を尖らせている中で、先行して有利な条件を掘削し、足の引っ張り合いなど余分なことに神経を使うことなく会社の発展に尽力し、また、ライバルと戦略が交錯し、火花を散らす場面が増えても、泰然として受け止めるゆとりがあること。さらに、あえてリーダーとは、本質的にイノベーターでなければ、重責は全うできない。前任者の事業を遂行するのに汲々としているようでは、流動的な外部競争には耐え切れるはずはない。

しかも、最悪のケースは、形式論や保守的思考が強い組織には、革新の意識は根づかない。継続性や守りも原点回帰の復活など、ときには予想外の効果を生み出す要素になり得ることも考えられるが、本質的には、常に前向きな対応を心がけ、外部の競争者やユーザーの敏感なニーズに、先行対応できないことには、生き残れる確率は低くなることを覚悟しなければならない。今はやりの働き方改革により、社員の意欲的意識を引き出すのはもちろん、それ以上に、時代の推移を先取りする感覚の持ち主でなくては、将来への展望は開けてこない。裏返せば、ビッグデータ時代を乗り切るためには、全力で異質の知識を吸収し咀嚼できる判断力と知的好奇心、行動力の持ち主であること等が、必要条件であることは論を待たない。

つい最近まで、規模を拡大し利益を上げる、この取り組みは、企業経営の根底に横たわる原則的思想であり、極めて明瞭なターゲットであった。しかし、このところ、個々の組織の判断はさまざまであり、一様に論ずることはできなくなっている実態がある。折しも、気候変動や貧困問題など人類に対する反動的アクシデントの頻発に加え、世論の動向そのものが過敏になっており、形式的なスローガンなど掲げてみても、些細なミス一つで痛烈な批判を浴び、排斥される事態につながりかねないだけに、さらなる自己本位の姿勢では、同意を得られない流れが見えてくる。これまで容認されてきた自由放任主義の流れにも、批判的意識が強くなり、貧富の差の拡大や大規模企業の過大な利益や多さゆえの圧力などに関しても過剰反応し、監視的意識が芽生え、その力を民主的意識の浸透に向け、共通の利益を追求しようとする考え方や行動に移していく方向性こそ、将来への歓迎すべき兆候といえるだろう。その影響は、企業経営の行動規範や環境対応などの枠組み作りに、少なからず投射されていく。

もはや、企業の社会貢献の動きは既知のものとなり、企業活動と消費者の利便性、そして、地域社会との相互依存などの関係は、さらに具現化し進化していくだろう。その中でも、企業文化や経営ポリシー、そして、リーダーの人格的持ち味などにより、利他利益の意識へと大きく転換している。また、長期的経営の視点からしても、重要な論点として先行的ビジョンを打ち出し、行動に移す姿勢が浸透し始めている。もちろん、自己本位の偽善パターンは簡単に見破られ、足元や隙間から覗くように痛烈に批判にさらされてしまう。

次に取り上げたいのは、その持ち味に加え、リーダーシップと重なる部分でもあり、企業にはそれぞれに個性があるのは当然であり、他社の動きや長所・短所を吸収し、無言の経験を積み重ねることで、内容を充実させ持続性を維持していくような前向きな企業には、伝統が持続され文化として定着し、とくに指示されなくても社員がキビキビとして働き、部外者の目にも心地よく映り、無駄が少ない。それに比べ、社員の緊張感も業績も思わしくないような職場は、共通的に整理整頓も清潔感も気配りなども乏しく、与えられた職務を漫然とこなすのが精一杯であり、大切な周囲に対する配慮が不足している。その違いは、全体の雰囲気や対応の中で瞬間的に感じ取られてしまい、表面的な偽善性は簡単に見破られる生きた教材でもある。見え透いた安逸は許してくれない。

日々の活動から、目の前の原則論だけでは対処しきれない課題が、何となく見えてくる。たとえＡＩ時代になっても、人が業務に関係する以上、パーフェクトに業務に対処できるとは考えにくい。また、自動化が浸透してもすべての業務処理が、コンピュータで完璧に処理できるわけではなく、むしろ、人によるケアレスミスは、機械的な処理が増える分、むしろ増加し、全体的な目配りも疎かになる心配がある。また、機械任せの安心感から、注意力はかえって「散漫になる可能性」が高くなるだろう。だとすると、次々と進化するニーズに対処できる期待や実態は日々前進していても、まったく人の手が必要でなくなるのは、遠い将来の夢であると受け止めるのが、当然ではないだろうか。ともかく、人と人工知能に基づく「人工人間」との棲み分けこそ、最重要の課題として自由な論議が加速度的に盛り上がるだろう。また、ＡＩにすべて任してしまうと、人の出番が減り、手持ち無沙汰になるほど役割分担が激減する時期は、いつ頃到来するのだろうか？

ここまで、リーダー論について、理想論としての新旧の論点が入り混じってしまったが、ここから本来の経営パターンについて述べてみたい。物を生産するという大事な行為は、人類進化のプロセスを振り返ったとき、極めて重要な部分を占めてきたことは、ことさら誇張する必要もない。それが、ビジネス活動というパワフルな形態に移行したとき、時代とともに相互にナンバーワンを目指す企業間競争関係が避けられなくなり、生産規模も品質も他社に負けまいとする、激しいデッドヒートが繰り広げられてきた経緯が物語っている。その過程で、財閥や巨大企業の誕生につながり、そのまま現在に持続されているものや、時代の波の中で没落したものなど、経営ポリシーの違いが企業の命運を左右してきた要因を、それなりに理解することができる。つまり、時代の潮流や産業形態の移行、技術革新、消費意識、文化レベルの向上など多くの要因を敏感に汲み取り、先手必勝の対策を実行できた企業が余命をつないできた姿を、日々の生活の中から肌で感じ取り、生きた貴重な題材として体得してきた。

かつて、国内の財閥企業を中心にして、資本主義経済へ移行する牽引力となり、時代的に多くの役割を果たし、短期間で急速な経済成長への道を切り開いてきた事実は、その範疇に入るケースと考えられる。しかし、今では、その枠組みにも大きな亀裂が生じているのが実態であり、産業形態も永遠でないことを示唆しており、成功事例の持続性と対応策の難しさ、さらに進化のスピードや将来への展望など、多くの事例が教えてくれている。その流れに伴う動向と現実から振り返ってみても、日々、容赦なく攻め込んでくる事態を乗り切ることの困難さから、対応策に秀でた組織だけが、サバイバルできる循環性のベクトルを見定めることができ、将来につなげられるだろう。しかし、肝心の各種循環サイクルも異変を避けられず、短期間しか通用しない厳しさを忘れることはできない。

　つまり、かつては資源関連の重厚大企業が君臨してきた分野も、今日ではＧＡＦＡ（情報通信大手企業）に代表されるネットワーク性大企業台頭の推移から見ても、その分布の多くは、ハイテク分野や通信情報産業関連に移行していることから判断して、産業勢力図の移り変わりと技術革新の凄まじさを、如実に認識することができる。まさに進化の主役は、ネットワークとビッグデータという情報資源付加価値にあることを、強烈にアピールしている。人も社会も、その大波に翻弄され揺り動かされ、さらにＡＩ社会の到来による大変革が、虎視眈々と待ち受けている状況を回避することは、もはや不可能であることを如実に示している。また、誘引力のある企業の存在を肯定してきた要因を見極め、新たな戦略展開と自然環境優先のノーマルな成長を目指す方向に、ギアチェンジする機会が到来していることの判断を見誤らないよう、絶え間なく正しく照射し続けたいものだ。

もちろん、超一流企業でも、経営ポリシーの重要性と社員が主体的に業務に取り組めることで、社内の雰囲気がガラリと転換してしまう凄さがある。これは理屈ではなく人を大切に扱えば、組織のカルチャーまでも変えてしまい、実態成果に直結させることができる現実を、真摯に受け止めることの有効性を示唆しているといえるだろう。最終的に、人を生かす方向性の大切さこそ、企業が勝ち残ることのできる永遠の鉄則であることを、再確認させてくれる。同時に、組織はヒトに始まりヒトに終わる、最良のモデルともいえよう。あまたの原理や原則と称する建前を前面に押し出し、ユーザーの目線に鈍感になってしまう典型的パターンを打破する、ソフトで柔らか味のある着実な方向性の大切さを、痛感させられる。同時に、優秀な人材を集めれば、経営は安泰であるとの妄想は、時代とともに崩れていく格好の事例として、参考に値するケースではないだろうか。これこそ共生の経営マインドに求められる人とエコロジーサイクルとを大事にする神髄ではないか。固定的な原理や原則は、流動的環境にはあまり意味をもたないと自覚したい。

世界中の名だたる企業も、50年もすれば栄枯盛衰のサイクルから、逃れるのは容易ではない。継続したいという強い願望と前向きな努力の持続、それを支える人材補充、さらに、緻密な経営戦略と事業内容の転換に加え、需要と供給関係の時代的移り変わりなど総合的な対応策の成否が、とりわけ企業の寿命の明暗に結びついていく。また、持続することだけが最優先課題ではなく、そこに、総合的な環境変化を先取りし業態変更や吸収合併と分散など、あらゆる戦略手段を駆使して市場のニーズに適応できる体制の維持と、取引先との合理的満足度とユーザー支援につなげることで、確かな成果が得られるだろう。経営構造の変化は、生産活動の効果性はもとより、流通ルートと方法論の革新、そして、消費者との相互利益的接点をもつ方向へと進化してきた。そこに、大きな企業から中小企業が寄り集まり、役割分担し、便宜性と効果性を相互に補完し、社会全体の底上げへと貢献することが、意欲的な産業体制存続の要件でもあったからだ。

したがって、共生の経営とは、関係する企業の数だけ多様性が加わり、それぞれに特色ある独自性を有し切磋琢磨してきた貴重な歴史が、現実の進化の物語でもある。ただし、もう一歩、詳細に課題を分析してみると、決して本来的で理想の形が追求できたわけではなく、また、大企業だけでも成り立たず、小企業だけでも効率的ではないなど、資本主義体制に対する大いなる反省点と矛盾点が挙げられる。また、急速な社会環境の変化に加え、消費者ニーズも変転し、その流れに対応すべく産業形態や経営ポリシーが移り変わるスピードは、さらに加速化し前進していくパターンが顕著になり、それに伴う新たな構図が見えてくる。一流企業でも、意外なことに内部から、しかも、小さなほころびから崩れていく予期せぬ怖さがある。同様に、文明衰退の歴史からも、読み取ることができよう。

人はみな、気持ちとして自分自身は優秀なのだと密かに呪文を唱え、競争社会と流転する流れの中で便宜的に人生という船に身を任せ、もがきつつ生き方を取捨選択している。そんな例えも、まんざら否定できない囁きが、それとなく感じられるときがある。自動車産業も１００年以上にわたり、産業の推進役としての役割を担ってきた。貨幣と縁の深い金融業もそれ以上に長い歴史に彩られ、永遠に安泰産業としての立場は変わらないものと、受け止められてきたはずだったのに、その聖域も経営形態変化を余儀なくされる気配が、じんわりと急速に漂っている。同じような独占的企業体も、例外なく自由競争の波に巻き込まれ、経営マインド転換を余儀なくされている（奢れるものはひさしからず）。これらの経営ポリシー転換の方向性は、自由競争という競争基盤が容認されている社会であっても、最近の知的ノウハウをベースにした進化という集積競争を、ダイレクトに提唱できる環境変化を見据え、より積極的な戦略を推進しなければならない状況に突入している現実が、変革要因を見逃せない根幹になっている。さらに、電波情報という空飛ぶ競争相手に対して、皮膚感覚の対応力までも磨かなければならない現状の厳しい動向が、進化の流れを逆説的にけん引していると考えることができる。

競争力とは何か、これまで、関連する事業分野のドメインを強化することに主眼が置かれてきた戦略から、異次元の分野からも競争相手が突然、現われるという変動性（volatility）、あるいは曖昧性（uncertainty）らしき風が、一様に吹き荒れる不気味さにも対処できる力と解釈することもできる。まさに、近頃の気候変動と同様に予想外の視界不良状況が加わり、異次元の競争関係が彼方に広がっていく。そのとき、リーダーは何を感じ取っているのだろう。まだ大丈夫だろうと受け止め、それほど慌てることもなく、身近な緊急会議に追われあたふたしているのか、それとも、マスコミの不安情報にあおられ右往左往し、むしろ、危機感を増幅させストレスに悩んでいるのかさまざまだろう。また、マスコミ情報に頼りすぎると、その場主義の刹那的現象に急き立てられ、むしろ正しい判断を見失ってしまう可能性が高いことに、気がついているのだろうか。それでも、誰にも公平に、電波情報が昨日も今日も明日も、速度を増して頭上を通り過ぎていく。

現実は、原則的な経営戦略や楽観的経営ポリシー、あるいは、予定調和的感覚では間に合わず、それ以上に競争関係が日々、上塗りされ混とんとするため、流動的経営環境に対処することを困難にしている。そんな状況を演出し、中核の役割を担っているのが、コンピュータサイエンスによる技術革新であり、さらに、このところの圧倒的な需要創造機会を創出した張本人と考えられ、そこに、ものづくり優先思想から消費視点優先のマスマーケット活動へと、大きく舵が切られた現実が見えてくる。これは、経営マインドの視点が、特定勢力ではなく社会的な消費動向中心へとダイナミックに転移した、実に意義深い変化と解釈することができるだろう。長い間、消費者主権への主張と願望が交錯してきたが、この変化は市場環境の成熟化と取引形態の多様化から消費者尊重など、多くの要件がもたらした成果でもある。その橋渡しとなった主たる要因は、ネットワークによる個人がマーケットに堂々と参入したことにより、市場のグローバル化を促し、生産と消費の力関係が平衡の時代への幕開けをリードしてきた経緯が、新たな見取り図を創出した証として集約的に示されている。

今では、消費者主権というフレーズも、あまり使われなくなっている。その代表例は、流通形態までも変えてしまったネット通販であり、代表格は、かのアマゾンであり、欲しい商品は自宅にいて何でも手に入ってしまう、まさに、神の手の出現である。また、通信端末で日常生活に関連する物事がほとんど解決してしまうという、夢のような変化をもたらした。その延長線上に、ものづくりや金融など旧来型の手法にほころびが生じ、方向転換を余儀なくさせている。消費活動の変化が、生産活動の在り方をも変化させるというサイクルが、通販を主流に押し上げた図式にもなっている。結果的に、大事な資源の有効活用や無駄を省く作用にも、効果的影響を生み出している（強引すぎる点が気になるが）。科学技術による革新の成果と、通信情報データが産業構造まで転換させてしまうという、これまで経験したことのない、先端的成果を次々と創出してきた流れこそ、次なる経営パターンの中核的思想となって、ひたすら拡大していくことだろう。この動きは消費者マーケッティング時代を象徴している。

ここで、意欲的な経営パターンの要件について、参考までに取り上げておきたい。それは、技術革新ならびに経営革新に求められる実践的要素を、熱帯雨林と表現しているもので、①ルールを破り、夢を見ること（新しいものごとを達成する）②門戸を開き、聞く耳をもつ（革新は協調を必要とする社会的プロセス）③信用し、信用される（取引コストの削減には信用が必要④実験し、反復する（変異と選択が複雑なシステムを進化させる）⑤優位性ではなく、公正さを求める（集団の企てを阻害しない）⑥間違いを犯し、失敗し、辛抱強く続ける（失敗は成功の基）⑦他者を助ける（他者を包み込む精神の寛容さ）、である（『社会はどう進化するのか』デイヴィッド・スローン・ウィルソン著、高橋洋訳、亜紀書房）。ユニークな着眼点ではないだろうか。これは新たな構想を決めるにあたり何らかのヒントになるだろう。

これまでにない経営インパクトとは、個々の企業に欠かせない従来の経営ポリシー策定手順や固定的で伝統的手法から抜け出し、高度情報社会に対処できる柔軟で異質性のある要素を取り込める体質に移行する必然性が、議論の中心になるだろう。また、現在注目を集めている産業や新業態の動向を洞察し、詳細に分析することで、それぞれに何らかの特異性が浮かび上がってくるはずだ。ユーザーも、その動きを敏感に感じ取り、情報を共有し、瞬く間に地球の裏側まで拡散される時代性に生かされている意義を、瞬時に感じ取ることができるのではないか。もちろん、この実態に偽りがあればたちまち袋叩きされる怖さと、裏腹の関係にあることも忘れることはできない。便利さを追求した代償は、むしろ、エネルギー消費の増加と高コストに対する見返りとなって表面化し、さらに自然環境被害を引き起こしてきた。それでも、常に誠意ある対応が信頼性に結びつかせ、相互利益が可能な相手を選ぶことにより、よりよい満足度を提供しようとする行為こそ、いわゆる、時代を超えたヒト社会の大切な原則と考えられる。

このように、凄まじい時代を生き抜いていくためには、信頼という根幹と柔軟性から流動性、さらには、人が活きる基本が守られ、持続的チャレンジ精神を失うことなく、確かな経営マインドを着実に進めていくことに尽きると、総括することができよう。そんな企業が多ければ多いほど、経済活動は活気を帯びてくる。そこでは、今はやりのＳＤＧｓの尊重や人工ロボットによるサポート、貧困の撲滅、自然環境の保護など、次々に現われる課題に対処し、前進するエネルギーに転換させてくれる。また、無意味なマンネリ化が入り込む余地は見当たらず、新たな装いによる未来志向のユニークなビジネスチャンスが、巡ってくるだろう。ときには、常識はずれと思われる野心的な発想が大いに歓迎され、醸成される雰囲気により相対価値が高まり、さらに媒介的作用に結びつくことを信じたい。ただし、先端ばかり追い求める風潮は、図らずもスローダウンする傾向にあることも見落とすことはできない。さらに、新型コロナウイルス禍から企業組織の方向性に、多くのヒントと課題が提示された無言の圧力は大きなものがある。

11　経営活動の着地点

今後の経営活動を進める上で忘れてはならない点は、社会に貢献できる組織を組み立て、それにふさわしい人、もしくはハイテク社会・知能ロボット対策も怠りなく進め、そこに、果実として信頼性の高い商品を提供できる体制を構築することが、必須条件として組み込まれてくる。同時に、将来につながる経営展開ができれば、意欲のある有能な人材が自然に集まってくること請け合いだ。ただし、優秀な人材を集められる企業であれば、それに越したことはないが、それ以前に、優秀な人材とは何をもって優秀と判断するのか、具体論になると、いつでも、どこでも、各種の連鎖反応的思考が堂々巡りして、結論を出すのに苦労させられる。しかも、能力を短期的な判断で評価するのか、長期的な成果も考慮に入れるのかなど、分析ポイントの相違も考慮しなければならない。また、全員が期待どおりに能力発揮してくれたかどうか、それをどのスパンで判断するのか。さらには、運不運などの要素も関係するから、簡単ではない現実がつきまとってくる。意外にも、本質は人智も及ばず追求も困難で紛らわしく、古くて新しい永遠の課題であり、かつ懸案課題としてどこまでも消え去ることはないだろう。

別な角度から見て、組織のリーダーにまで登り詰めた人は秀でており、その他の人は、それほどでもないと評価が下されてしまうのか、ここに人事管理の知られざるポイントが潜んでいると考えられる。しかし、評価される側の立場や選考プロセス、担当業務の違いなど状況判断に必要な情報量を、正確に掌握できているかなど、複雑な問題が絡んでくる。あるいは、上司に恵まれ、とんとん拍子に昇格する人もいれば、相性が悪く、運に恵まれない場合もあるだろう。このように、人に関する問題は面倒であり、どこまでも実にややこしい。まして、生身の人間同士が判断するのだから、明確で納得できる答えを求めようとしても、必ず利害関係が絡み、しんどい作業になるのは明白であり、結論が出るまで苦渋の選択を強いられるのは、生き物同士の繰り返しの行動である性質上、放棄するわけにもいかない。将来は、コンピュータの分析能力を活用することで、評価精度は高まり、指示どおりの明確な答えがストレートにはじき出される環境が、整備されることだろう。そこには、情緒的で微妙な要素は加算されず、表面的で機械的な結果が明確に提示される。もちろん、そのまま、結論につながるとは考えにくく、分析される身としては、コンピュータ評価はあまり良い気分ではないが、時代の要請として割り切るしかないのか、どこまで修正し、折り合いをつけるのか、プログラムの精度にも影響されるが、人の叡智が試される不可避の場面となるだろう。

もちろん、人工知能人事方式に移行するとなると、逃げ道が用意されている従来型の対処方法とは異なり、しばらくの間、割り切りすぎて適応できない息苦しさが残る場面が続くと考えられる。時代がいくら進化しても、人の感情や曖昧さがなくなるとは考えられず、コンピュータ判断との整合性をどう調整するのか、今後の進展の重要度が増すだろう。それよりも、誰でも、認知されている約束事に合わせ、必要項目をインプットすれば、評価点が提示される方式のほうが、従来よりも納得を得やすく感じられる。つまり、組織全員で納得できる仕組みと内容構成、そして、処理のスピードアップを実現し、経営効果を高め社会的信頼を確保し、相乗効果が期待できるシステムづくりこそ、本来の狙いと考えられる。ハイテク判断と人の評価の組み合わせ、さらに、人間としての満足度を得られる要素構成と自由度の高さがポイントになるのではないだろうか。

次に、企業の事業を支えてくれる、大切な主力製品についてしばらく考えることにしたい。現代は、テレビコマーシャルやＳＮＳで評判を呼んでいる関連製品をもつ企業には、特有のネームバリューとなって企業業績に大きく反映されている。もちろん、良いことばかりではなく、不評が広がると反動的なデメリットが拡大し、企業業績への悪影響を及ぼし足元をすくわれることが多いだけに、むしろ細心の注意と状況把握に努めることで、批判を最小限に留めることができる。組織の寿命となるパターンは原則的には同じ循環であるけれど、競争環境は混とんとして変化が激しくなり、むしろ短縮化されるだろう。

たとえば、世界的メーカーであるApple の iPhone 関連商品は、時代の潮流に便乗して、国際的にも、けた違いの話題性を巻き起こしてきた。とくに、国内では製品の性能や精度、先行的なデザインなどから圧倒的な人気商品であることが、選択理由となり支持を集めている要因と考えられている。しかし、やがて他社と機能的な違いが少なくなることで飽和点が見え始め、コモディティー化が進むことで、新たなライバル製品が台頭してくる。現にそんな兆候も表われており、どんな商品にもライフサイクルがあるだけに、新たな機能をもった商品に取って代わられるのを防ぐ手立ては、簡単には見つかりそうにない。そうなると、休む暇なく、新製品を出し続けなければならず、その点を読み間違えると、時代の潮流と進化現象並びに消費者意識の変化にも、対応できなくなってしまう。その辺から、微妙な感覚のズレが生じてくるから対応策は限られ、それを防ぐため世代交代へとつながっていく。

つまり、大企業であっても、新製品の開発を絶え間なく創出できる力を失えば、たちどころに、競争相手に先手を取られる厳しさから逃れる術は次第に狭められていく。また、心理的要素や流行にも左右されるだけに、物理法則のような縛りは受けないものの、時代的要請や購買意識など、循環サイクルに、組み込まれている事実から逃避できる可能性が限られてくる。さらに、生活レベルの向上や社会的動向の変化、国際的取り決めと修正、自然環境や資源保全と地政学的な明暗などが加わり、やがて、一世を風靡するような新たな競争世界が、忽然として現われることだろう。ただ、ビジネスサイクルの波が大きすぎることも、そして技術的進歩の速さなども大いに関係してくる。対策は定期的ともいえる新製品の投入こそ、新たなニーズ対応の戦略であることは間違いないものの、業績を確保する確率は低くなるばかりであり、持続性に赤信号が灯るだろう。

ともかく、この世における存在意義は、具体的に商品化され形になって提示されることで、評価の対象になるのが基本であり、オリジナル性と姿・形、色彩とデザイン性、大小と軽重性、価格と機能性、便利さと対応期間、それに欠くことのできない環境対応要件などから、相対的に判定が下される。ときには、嗅覚や聴覚、香りと時代性などの条件も加味されたりする。だからこそ、人気を勝ち取るのは容易ではなく、正当路線を歩んでさえいれば、勝ち残れる保証が得られるわけでもないところに、新規参入者が進出する楽しみが温存され、後追いの醍醐味に期待が高まったりする。また、数学のような方程式に当てはめられないからこそ、隙間とヒントの組み合わせは無限となり活力の源泉になるとも考えられる。しかも、参入条件がとくに制約されることもなく、むしろ、人特有の心情に巧みに訴えたものが、最終的な勝利者になる可能性が高いと思われる。最後は、失敗の数が多いものほど、成功の確率が高いことを暗示する泥臭さと、いわずもがなの世界が垣間見えてくる。それでも、冷や汗をかき、積み上げられた努力は、決して無駄にはならない証であると、言い添えることができる。

著名なピアニストともなれば、３歳ごろからピアノを習い始めたという人が多く、それだけ長期間訓練を積み上げてこそ、ようやく一流の腕前となり、まさにプロフェショナルの領域に到達できる喜びがあると表現しても、概して理解が得られるだろう。何ごとも、一つの道を貫き通す意志の強さと努力の積み重ねには、頭が下がる思いがする。不朽の名曲といわれるレクイエムの作曲者モーツアルトのような天才は、もう少し長生きしてほしかったが、残念なことに早逝してしまった。そうかと思えば、天才数学者オイラーのように子だくさんで、しかも長生きし、失明してからでも研究を続け、８８６もの論文を発表するなど多大な功績を残し、いまだ業績整理が終わっていないというのだから、まさに規格外の能力の持ち主というべきだろう。また、個人的にも鑑賞し圧倒された、人類の至宝であるシスティナ礼拝堂の天井画を製作したミケランジェロも88歳と長命であった。それでも、人それぞれなのが、この世に生を受けた独自性という価値であり、また、誰にも未知なる領域が待ち受け、遥かな夢につながる期待感をもてるからこそ、存在意味が増し、可能性の輪は無限大となる。

もちろん、偉人と称される人々による閃きは興味深く、無から有を生み出す才能と行動力には、尊敬の念が尽きない。あるとき突然、閃きヒントが生まれるケースは、誰もが見聞し信じているケースが多いと思い込みがちだが、よく考えてみれば、何も根拠のないところに天の声でお告げがあったなどの逸話は、にわかには信じ難い。やはり、時間をかけて積み上げられた知識や知恵、見聞などのフィルターを通してろ過され、脳の働きが刺激され閃きを引き出すのだと、推則するのが妥当ではないか。常識的には、個別でもろもろの形による努力の蓄積が、無意識的に化学反応を起こし、チャンスを生み出す要件となり行動を誘発した成果なのだと、前向きに捉えることもできる。決して、無計画で漫然と時を過ごし、生まれつきの能力だけで、生み出した産物でないことは確かなのだ。

ともかく、数学の世界は、論理的で精緻であり解答に加え証明まで求められるのに対して、ビジネスの世界は幸運も風評も、味方につけなければならない。言うなれば先読みのできない成果を追い続ける土俵での、競争関係が繰り広げられているのが特徴だけに、その分、おいそれと勝敗は決められない苦しさと楽しみが、同居しているといえよう。しかも、先を読むことの不確定さであり、絶えず変化と流動的要素が加わるところに、決定的な違いが見えてくる。

また、経済学も経営学も科学であると、意気込んでとらえる論点はともかくとして、合理的成果を求めすぎると、一方でひずみが必ず生まれる矛盾点を、どう解釈するのが正解なのか、しかも模範解答もなく永遠の課題を抱えている違いにも、配慮する必要がある。つまり、人の社会は合理性だけでも、もちろんオカルト的でも済まされず、人それぞれの特有の要素が組み合わさった関係で成り立っているからこそ、変化に絶えず巻き込まれても、新たな事態に対処できる可能性が派生してくる。

また、経済活動は、そもそも、組織を拡大し大量の商品を販売して利益を上げたい、その点に意識が集中しがちであるものの、一歩下がって整理してみると、これからの使命は、不特定大多数のユーザーのニーズを引き出し、信頼できる商品開発と満足度を高め、生活の質を向上させ、少しでも満足できる日常生活に、貢献できることではないか。そして、富裕層との格差拡大を縮小し、その分、自然環境への配慮と地球上から貧困層をなくすことに尽力できる、経営形態を追い求めていくこと（中には貧困も人生なのだと胸を張る人も存在するのだが）。その可能性の芽は、ネットワーク社会が生み出す情報社会化と経済活動のグローバル化、それに伴う民意の向上による意識の変化と、生活環境の転換などに伴いアウトプットされた進化が、時間とともに具現化していくことにあると考えられる。

もちろん、先進諸国と新興国との格差は簡単には埋められないとはいえ、経済活動への参画と実現の可能性を目の当たりにし、モバイル文化など新たな武器を手にしたことの意義は、もはや誰にも否定することはできず、勢力地図も次第に塗り替えられていくことは間違いなく、むしろ、速度を上げて可能性の夢を実現させる方向に、膨らんでいくことを願わずにいられない。

また、これまで、大国の圧力に負け、かつ大企業の資金力とパワーに押されてきた状況から脱皮し、地域中心主義の独自スタイルがもてはやされる方向へと、転換する流れが見えてきている。つまり、ここまでの特定企業による画一的な拡大戦力からパワーシフトし、地域特性に根ざした商品開発こそが、環境を守り生活の質を維持し無駄な争いを解消するカギとなる意識が、そこはかとなく芽生えてきていること。当然、その根底には、省資源化や相対的エネルギーロスを少なくする、そんな作用が効果的に働くことで、明るい未来が見えてくる。同時に、肥大化し特定企業に縛りつけられてきたテクノロジーや技術革新、資本主義体制の弊害に関する防御姿勢への批判の高まり、格差社会解消への道筋を緩やかに射程圏内に入れ、その先につながるＳＤＧｓへの関心が浸透するなど、明るい兆しが降り注ぐ世紀へと進展してほしい。

また、緩やかでしなやかな社会体制と人間関係の濃密化こそ、これからの日常生活を過ごす上で理想とするパターンであり、それを具現化するには、試行錯誤と相互矛盾や幾多の苦難を乗り越え、人智を集め人工知能の力を借り啓発努力を続けることで、新次元へとつながっていくだろう。しかし、現実の足元では、地域紛争が絶え間なく勃発し、若くて尊い多くの命が奪われていく現実も見逃せない。あるいは、権力争いや国力増強、国境紛争や資源確保など見苦しい主権争いも、一向に収まる様子が見られない。高度な科学技術の発展が続いているのに、かたや難民や疫病と貧困の戦いに苦しめられ、しかも人口増加が追い打ちをかける構図の矛盾点など、一向に収まりそうにない苦しさから解放してくれない。生物の世界の多くは、生活圏内の個体の数が過剰になれば、環境に適応できない個体は排除される、無言の厳しい不文律がある。それだけに、種のバランスと淘汰の原則は、甘くない事実がある。同時に、地上には数えきれないほどの多様性と意外性、そして、異質が存在する現実も脳裏に刻み込んでおかないと、理想論や机上の空論に振り回される轍を限りなく踏襲してきた、そんな過ちをさらに繰り返すのでは悲しい限りだ。

その点、生物の頂点に立つといわれていて、言葉をもち、移動の手段も手にしている人間は、苦しいときは他からの援助を受けることで生き延びられる融通性も、持ち合わせている。それに比べ、何億年も生命をつないでいる古代生物等の存在は、人類の歴史とは比較できないほど長く生命を維持し続けている凄さに、言い表わす言葉に窮してしまう。もちろん、地球は未知の生物の宝庫でもあり、その懐の深さから学ぶことが永遠の課題といえるだろう。

いかなる有名企業であっても、最終的には環境対応や時代に沿った適度な利便性などの向上に貢献できなければ、存在意義は認められず市場における信頼を失っていく。時の運や先発起業利得の事業であるなどの功績はともかく、本質的に独りよがりや自己利益主義であったなら、時間とともに、何らかの形でダメージにつながることは、避けられない。もちろん、従業員など大事な協力者が支持されない組織では、事業の継続性を維持することは不可能である。また、どんなに高邁な理想を掲げてみても、また、世界的著名な企業に成長できたとしても、生物・身近なヒトが生きることの命題とは、最終的には日常生活の実質的レベルの向上と健康で安心感を享受でき、周りとの良好なコミュニケーションの形成に加え、可能な限り、個の主体性が尊重される環境を維持できるかどうかに、かかっているのではないか。それが実現できれば、これまでの行動パターンが塗り替えられ、圧倒的な期待と支持が得られ、新鮮で充実した時をもてることだろう。

また、地球上の物事すべてが自然現象に左右される中で、人々は、数えきれないほどの貴重な贈り物を時間が許す限り探し回り、生活を維持する糧として活用してきた歴史がある。とくに、日常生活に必要な潤滑油といえる趣味や音楽、絵画や芸術、旅行や運動、各種の教養や文化などに加え、人工生産物である生活必需品など大事な財産も、有機的活用姿勢が渾然一体となり、さらに重きを成すときが戻ってくる。その具体的手段として、技術革新や競争環境、自然資源や有機的化学作用の活用など、無限ともいえる発見や開発に触発されることを期待し、かつ、人間社会の変化に対応してきた経緯の尊重と、これまでの進化に対して、感謝の意を共有したいものだ。しかし、残念なことに、競争関係が行きすぎたために、差別制度や格差社会を生み出してしまった例外的な状況が、いまだ未解決であり苦しい環境に晒されている状況は、誤った自己優先主義と未知ゆえの予想外の事態ともいえるだろう。しかも、そんな苦難な時代を乗り越えて見えてきたのは、最終的に命を維持するための、健康的な食料と生活環境の確保とゆとりの必要性が、より一層鮮明になってきた流れを大切にしたい。

そして、最後は日常生活に根差した、各種エネルギーの有効利用を相対的に向上させるために、最大の努力を傾注し、確たる実績を残さなければならない。ときには、無駄も加わりエネルギーを拡散することもあるだろう。しかし、基本のところでは、生活の質と満足度と食の安全性の確保につながらないことには、どんなに高邁な理論を述べてみても、根無し草になってしまう。明るさを求めて、照明は、ランプから電気の発明や電話へとつながり、また、農産物の害虫防止に農薬の使用と食品の化学的加工が始まり、同時に輸送の便利さを補うため鉄道や自動車、大型船での石油や物資の輸送、最後は飛行機による遠距離輸送、いずれは宇宙ロケットも加わることだろう。しかし、どのように変遷しようとも、最後は食に始まり食に終わることに、いつの時代も変わることはない。将来は、宇宙食のような、わずかな食糧で栄養補給ができる時代がやってくる。

しかし、繰り返しになるが、こんな流れを冷静に煎じ詰めてみると、生命を維持する核になるのは、健康を維持するための食糧品の確保であり、大地の恵み、海産物の確保、良質な動物性たんぱく質の生産など、原点回帰の取り組みを優先する、またとないチャンスが到来していることを意味している。そのことは、自然のメカニズムとサイクルを尊重し、これまで以上の地球環境悪化を食い止めることを主眼にした、経済活動を推進する立場を鮮明にし、行動に移すことにつながっていく。これまで、人の知恵と主体的な課題解決活動が、限りなくビジネスチャンスをもたらしてきた。しかし、そこに、過当競争という落とし穴が広がり、規制を無視し不当な商品でも流通市場に送り出されてきた過去の苦い体験から、なかなか抜け出せないでいる実態を、いやというほど見聞きしてきた。しかし、地球規模で可能性を追求していけば、何らかの解決策が見当たらないはずがない。

同時に、食の安全性への取り組みにも、永遠に苦難な道が待ち受けており、それでも、ささやかなケースとして、ビルの地下や工場跡地での野菜工場の出現、陸上での魚の養殖と人工肉の生産など、意外性のあるさまざまな取り組みが進められている。しかし、本質のところで求められる、自然のエコロジーとの調和や恩恵を優先させるための試みは、むしろ遠ざかり、思考のギャップが生まれるという逆作用の流れを、食い止める必要性を強く訴え続けなければならない。とくに、人工知能や言葉を発するロボットの出現により、これまでにない意識革命が進行しているとき、地球上の貴重な自然環境に育まれた食糧生産の重要性と健康への貢献は、計り知れない力があることの認識を、世界規模で共有する必要がある。ただ、最近、話題になっているゲノム編集食品（遺伝子の狙った部分だけ操作する）の流通や販売の届け出制度など、改良技術の研究は止まることを知らない。食品ばかりではなく、鉱工業製品や化学製品など、あらゆる生産物も、健康被害をなくすことを最優先にした原材料の調達なども、重要な課題であることに意識が注がれるだろう。

技術革新やイノベーションばかりに目がくらみ、肝心の自然の恵みが生み出す本源的エネルギーを無駄にし、見た目の良さや外見、そして口当たりが良くても栄養不足の食品補給では、健康問題の前進はもとより自然のもつエコロジー循環にも、何ら寄与できないままだ。ともかく、金儲け主義に毒された商品や製品が出回り幅を利かせる傾向は、他者利益よりも自己利益優先主義そのものであり、人優先の社会構造が宇宙にまで害を及ぼしている実態に対して、早急な意識転換が求められ、地球環境回復への必要性が差し迫っている現実を、冷静に受け止めるスタンスを持続させなければならない。生活の便利さの恩返しとは、煎じ詰めれば自然環境保護への回帰に行き着くのではないだろうか。科学技術の革新は、無駄なエネルギー使用を減少させ、自然からの貴重なエネルギーを有効に活用する、そのために叡智を集めて懸命に努力する意義が、明確な方向性として見えてくる。その成果を、経済活動に生かし商品作りにつなげることこそ、人類に与えられた使命ではないだろうか。そんな、重要な役割行為を、近い将来、明確な筋道を見つけ出したいものだ。その前に、自然が天罰を与えるべきかどうか、固唾を呑んで注視しているのではと思いたくなる。

結論的には、自然環境や競争環境への迅速な対応と意欲的な行動、培われた企業文化と自然に醸し出される組織雰囲気、そして、取り扱う製品の高い品質と信頼性などが伴わないことには、持続的な社会的評価を勝ち取ることができず、日に日に足腰が弱まってしまうだろう。だが、企業経営の本質は、シンプルさであり、純粋な理念による活動の継続性こそが、企業組織の根幹であり、その原点を見誤ると経営活動という「生物」の足元に、赤信号が灯ってしまう。シンプルで純粋な理念を継続するためには、常に原点に立ち返り、修正を繰り返す健全な意識を持続することではないか。そして、取り囲む環境課題も組織動態も、社会の進化という原理・原則も、最後はここに根源があり、いずれは収斂されると信じたい。

12　ＡＩ時代のジレンマ

　ここでの主なテーマとなる人工知能ロボットであるが、今、地球上で最も注目を集めている割には、脅威論や楽観論が目まぐるしく飛び交わっているのはなぜだろう。何ごとも、人それぞれ受け止め方に相違がみられるのは、従来と異なり、進化の度合や複合的変化による影響度合が大きいため、予測困難であることが大きな要因だと考えられる。また、天気予報や経済予測は難しく、あまり的中しないのに慣れていても、それ以上に、ＡＩによる社会的な転換局面が、これまでになくダイナミックに変化する要素を含んでいるだけに、複雑な心境に追い打ちをかけているのだろう。さらに、これまで、「人間種族」だけの占有事項だと信じられてきた地球上での特権領域に、想像もしなかった人工知能ロボットが、新たに進出するのではないかとの不安感を払拭できないところに、揺れの大きさの根源が感じ取れる、と表現しても間違いなさそうだ。

　また、ここまで激しくリードしてきたインターネットやＳＮＳ、スマホなどの普及も一服し、それを凌駕するイノベーションである５Ｇから速くも６Ｇへの通信手段による先陣争いに加え、デジタル革命により社会構造全体そのものが大変転しかねない状況が、着実に進展している事態も大いに影響しているのではないか。別な角度に目を転ずると、まさに人工によるハイテク型人間が、これまでの「人優先の世界」を変えようとしている構図が、不安を煽り立てていることに気づく。これは、将来、人が招いた人災になるのか、もしくは、人類の先行きに福音をもたらしてくれるのか、今後の展開に関係する話題は、尽きることがなさそうだ。地震大国ニッポンを揺らす激震とは別問題ではあるが、これから先、その影響力は地球全体を覆いつくし、果てしなく駆けずり回ることだろう。もちろん、この先行きの見通し自体は予測困難であり、肯定論として実現するかどうかの確証が得られるのは、幾多の曲折を経た後であり、落ち着くまでには相当の時間を要することは言うまでもない。多分、自律型ロボット誕生の可能性が、重要なカギを握っていると考えられる。それでも、時は着実に流れていく。

現状のＡＩ論も、さらに汎用人工知能（ＡＧＩ）との考え方も、話題を盛り上げている。これは、ＡＩによる影響度が、波及的で広範囲に及ぶことを見通した、とらえ方と解釈だといえるだろう。なかでも、影響が懸念される金融業や情報産業、人手頼りの業態などを中心に産業構造が大幅に変革の波にさらされるとの予測が先行し、こぞって異業種との提携やＭ＆Ａ、事業の再編、業種転換、リストラなどが実行に移されている。しかも、従来の掛け声だけとは異なり、先手必勝の対策が、次々に発表され話題を賑わせている。ここには、既得権益体制の維持困難さへの挑戦と変革の意味も込められている。この機会をとらえ、教育機会に恵まれない人々や貧困層がさらに貧しくなるのではなく、同時に人間の働く機会が失われることのない環境づくりだけは、何としても維持しなくてはならない。

それにしても、近頃の状況を象徴するかのように、休むことを知らない何かと騒々しい周囲の動静は、いとも簡単に強いものが勝ち残り、弱いものが虐げられても、皮肉なことに、開かれた大衆というパワーによる大波に押され、曖昧で不確かな解決策しか得られないまま、また新しいトレンドの波に引きずり込まれていくという､危うい事態が頻発する傾向が見えてくる。それなら、そんな流れを避け、無知蒙昧でいようと望んでも容赦されず、一緒くたに荒波の中に引きずり込まれることが、間々あるから油断できない。しかも、しゃにむに、大衆パワーの圧力に押され、右往左往させられる人気番組のように、無意味な奔流が絶えることなく押し寄せてくる民主化の促進は、意外な盲点となり、混とんとし複雑化するという、実に厄介な社会情勢といえよう。

また、コミュニケーションツールの代表ともいえる各種のモバイル端末によりけん引されている情報化社会は、誰にでも、情報発信機会の増大による新たな転換点を与えてくれる可能性は増えたものの、各種の電子情報機器やネット情報が氾濫した分、ときにセキュリティー問題や詐欺まがいの金融被害など、次々にトラブルに引き込まれるなど、プラス面だけではない実態も見逃すことはできない。しかも、時代が産み落としたハイテク産業に翻弄され続け、情緒的不安らしきものが、頭の隅から消えることがない。一方で、守る側と攻める側が存在することで進化していく面も否定できず、この関係は分離できないまま、果てしない挑戦が続いていく根源と考えて間違いなさそうだ。

一方、歴史的に長く続いてきた、企業主導主義の時代を辿り、今や「ビッグデータ」という情報が価値を生み出す先端的手法と、それに伴う消費者マーケティング手法への転換が促され、通信情報大企業を主体にして、莫大な利益を生み出す圧倒的なパワー集団が誕生してきた。しかし、今度は、そんな行き過ぎた動向に批判のメスが入り始めていることや、商品のライフサイクルはさらに短縮化傾向にあるため、次へのバージョンアップ競争が休むことなく熾烈に迫ってくる情勢に、少しも安閑としてはいられない。それでも、企業側は、個人情報を増やし利益を確保するため、あの手この手で誘導の手を緩めようとしない。その手口は大手企業を中心に極めて執拗でうんざりさせられる。しかも、ビジネス活動に利用されている意識が強い個人にとっては、自分に関わる情報が洗いざらい監視されているとなると、不安感がつのるばかりで気持ちが落ちづかず、不愉快極まりないイライラ感が消えることがない。それでも、この便利さを否定できず、痛しかゆしの波にのみ込まれ退出不安な不快感が絶えず蒸し返され、むしろ拡大する傾向の行き着く先は、この先どんな姿に変貌し収束するときがあるのだろうか。それでも、便利さの効用は当たり前となり、次への欲望が膨らむことを忘れがちなのは、現在に生を受けている以上、避けられない時流として諦め、消極的認知が求められているからなのか。

あるいは、情報化社会の先端を行く流れとして期待していた、正しい方向性なのか。また、この先どんな将来像を描くことができるのか、便利さだけでは言い表わせないジレンマが、次々と募っているのは、個人の大事な領域に入り込みすぎるビジネスモデルの不安定性が、増幅して過敏に感じられるからだろう。これらの状況を、厳しく糾弾し始めている国がＥＵ諸国であり、私企業としては巨大になりすぎ、一番敏感な個人情報が取引の材料にされるという影響力の大きさを懸念し、それを抑制できる唯一の力をもっている、行政機関による規制と監視の目が動き始めていることは、その他の国々にも波及の輪が広がる動きは、当然の流れといえよう。個人情報という性格からしても、大企業化は好ましくないだけに、大きすぎて不合理な面と柔軟性に欠ける面に気づかなくなる分、さらなる批判にさらされ、時流の状況変化が答えを探してくれるだろう。

ともかく、モバイル機器景気に伴い消費動向の変化を誘引してきた、いわゆる消費者マーケティング意識の浸透に助けられてきた面も率直に受け入れ、相互の便益が損なわれないよう進展してほしい。しかし、休むことなく、新たな機能を付け加えることで刺激し吸引してきた市場拡大戦略も飽和状態になり、機能面でもほぼ満足できる状態に達しているだけに、新機能製品への期待感や競争関係の変化への声が、それとなく聞こえ始めているのではないか。力の大きすぎるものは、意外なもろさも抱えており、とくに、特定業種で市場占有率の高い組織体の競争関係は、一定の上限規模に到達することでその傾向が現われるため、後発企業や新規事業に足をすくわれる可能性が高くなり、市場もそれを望んでいる面も見逃せない。また、慣れからくるマンネリ感と保守化の流れに対し、新しいものへの憧れは、市場経済体制下では留め立てできる有効な手段はないのだから、慎重に前進するしか救いの女神は、少しも微笑んではくれない。

寄り道はこのくらいにして、最後のテーマは、やはり最も注目を集めているＡＩ化の動向を抜きにして、語ることはできない。ここでは、今後の将来的見通しを中心に進めてみたい。世界の資本主義体制をリードしてきた経済大国アメリカとはいえ、以前ほどの圧倒的力は誇示できず、それでも、引き続き大国を維持するためには手段を選ばず、次なる戦略をリードするため強烈な発信力と圧力で維持しようと、必死になっている。引き続き、先端的科学技術力を始めとした経済的総合力などで、依然として他の諸国を圧倒してはいるが楽観視できない。

それでも、リーダー国であるアメリカの選択肢は、時流であるビッグデータと呼ばれる個人情報の最大限活用と価値増大に、限りなく焦点が当てられている。さらなる方向性は、先端的通信情報大国を自任し着々と歩を進めている。と同時にＡＩ時代を想定し、総合的角度からの課題や懸念事項などに関する提案と議論が、喧々囂々として飛び交わされ圧力をかけ続けている。振り返ってみれば、従来の経営経済をリードしてきた強権的手法と変わることがなく、相変わらず、一方的に圧力をかけるパターンを繰り出している。それでも、中枢的な人材の量と質など層の厚さも、群を抜いた強さが感じられる。やはり、国全体が進取性の気質に優れ、そこに研究層を含め新たな人材が次々に現われる社会現象と吸引力には、圧倒されるばかり。さらに、抜群の革新性と柔軟性と新規性など、留まる所を知らないかのような行動力と、発想のメカニズムが過去のパターンにとらわれない意識構造と、根本的な独自の異質性を保持している強さを、改めて思い知らされる。さらに加えれば、豊富な資源にも恵まれた国力の強さが魅力的である。だが、一強だけが力をもちすぎる弊害には注意が必要だ。先進諸国や中国などの追い上げによる均衡関係の構築は、将来的には避けられそうにない。

人間社会は各種の競争やプライド、知名度を上げ、少しでも豊かになりたい、人生は一度しか経験できないなど、さまざまな要因に左右されることが、逆に進化要因につながっていることは否定できないとしても、その分、結果として技術開発や経済活動を前進させることに目を奪われすぎてしまい、地球上に山積している肝心の身近で困難な課題を解決するため、全力を傾注することの重要性がときに置き去りにされ、ときに危機感の盛り上がりにも、大国が優先権を行使して水を差してきた。しかし、限りなく未知な部分のある情報を頼りに振り返ってみれば、地球創生は、複雑な宇宙原理に基づくものであり、その後に微生物の活動により、樹木や生物が誕生し、今日まで生命を維持し続けている生物が、無数存在している。それに引き換え、恐竜が誕生して消え去ったのも、歴史的にはそんなに古いものではなく、隕石の衝突により滅亡したとの説を受け入れるならば、宇宙空間の激変により犠牲になった悲運なケースといえるだろう。

ただ恐竜は、巨大であったが知的動物ではなく、防護策を欠いたまま消えていったのだろう。その点では、人類は幸いなことに、知的動物として多くの知見を蓄積してきている。とくに、この数世代にわたる各種の広範な情報ストックは、膨大なものがある。それでも、宇宙からそして地球上に起こるもろもろの現象に、抵抗力を備えているわけではさらさらない。むしろ、自らが目先の環境汚染その他多くの難問を生み出し、追い込まれている始末である。今や短期間のうちに、地球全体にとって歓迎されざる生き物に成り下がってしまったのが、心配の種といえよう。

ともかく、どれほどあがいてみても地球上の事態ですら、すべて感知できないのに、宇宙現象まで人の知恵で制御することなど極めて不遜な考え方なのは明らかであり、また、コントロールできるはずもなく、むしろ、自然環境汚染に対する回復にベストを尽くし、自然災害減少につながる努力こそ、人類共通の願いであることは、いささかも変わるものではないことを、大きな代償を支払って知ることになるだろう。ヒトの寿命は長いようで短く、可能性ばかり妄信しがちであるものの、行く手には、必ず限界が待ち受けているのが真理であり、同様に、物事すべてに制約があることをわきまえ、行動規範を組み立てるサイクルは、永久に変わるものではない。経済競争の行き過ぎは、一時的でしかも一部の金持ちに偏った満足感を鼓舞できたとしても、長続きできるものではないことは、このところの地球温暖化などによる重大な被害に始まり、想像を超えるもろもろの反動作用に頻繁に苦しめられ抑制できない実態が、何よりの証として訴えかけている。

災害大国日本の沈没も、小説によるたとえのレベルで終わることを祈りたいが、現状の与えられた立地から逃れられない宿命に、災害の神様も、コントロール力を失ってしまったのだろうか。２０２０年3月時点における、オーストラリアの森林火災は3カ月以上も消し止めることができず、日本の国土の3分の1もの面積が消失した試算になる、と報道されている。また、アメリカなど同様に国土の広い大国も大きな火災が頻発し、被害の大きさに、人の手で消火するのはお手上げだとも報じられている。あたかも、降って湧いたかのように、新型コロナウイルスの蔓延が、世界中を新たな恐怖に陥れてしまった。時代がいくら進んでも、人類を脅かす強敵（援軍でもある）の一つがウイルスであることが、明示的になった事象といえよう。同時に、資本主義体制の延長線上にある事態だけに、重大な警鐘として受け止めなければならない。グローバル化に伴う影響力の大きさに教えられる点が改めて浮上してきた。

そんな時代に登場した、AIや知能ロボットの動向が、今後の方向性のカギを握っているのはともかくとして、社会全般の認識度合いが急速に変化している実態が、あたかも、モンスター出現のように取り扱われようとしている動向に、どう対処すれば正解らしき方向にたどり着けるのか、巷の話題沸騰感を押し留める手法は不透明だ。いずれにせよ、かつて経験したことのないほどの大きな課題に直面していることは、ひいき目に受け止めても否定できそうにない。歌の文句にもあるように、人類も、思えば遠くにきたものだ。それでも、このストーリーを長続きさせるためには、別の惑星の宇宙人ではなく、遠い将来、人間が作り出そうとしている、仮称疑似人工人間（自律ロボット）は夢ではなくなり、全面否定できない時間の推移に関して、興味と進捗内容がことさら気にかかる。ここまで、科学技術の革新により、想像を超えるスピードで社会環境を転換させてきた一つの成果が、代役的なロボット人間の形で体現し、接客や老人ホームなど多くの場面で導入が進められ、社会生活面にも着々と浸透している現実が知らされている（地球内から新たな進化生物が現われる可能性もゼロではない）。

つまり、技術開発が進めば進むほど、人間という存在が複雑な立場に置かれる現実が、ヒタヒタと忍び寄ってくる感覚でもある。そんな表現さえも、全面的に架空なのだとはいえなくなっているのだから、科学技術の長足の進歩や情勢の変化に誘導される方向性として、正面から真摯にその推移を見守ることに変わりがない。ただ、携帯電話の出現に驚かされている間に、情報処理や画像処理、音声対応、無人工場、翻訳機器など、身近な物事が簡単に処理できるまで前進し、ハイテク機器の機能向上が進化している状況に接していると、この先、社会環境全般の変化とスピード感は、これまで以上に加速化され、予想外の事態に絶えず驚かされるのは、今や既定路線のようにも感じられてくる。

もちろん、かつてコンピュータが開発されたとき、多くの人が驚かされ、取り残され、単純作業労働者が職を失うだろうと騒がれたことがあった。しかし、実際には、いまだ、コンピュータに馴染みのない人も多く存在し、何かと懸案は増したとしても、むしろ、高齢化による人手不足が深刻さを増している実態のほうが、身近で重要な問題点になっている。とくに、人手不足が事業縮小を招いている事例が現実化している速さにも驚かされる。ただ、現実にスマホを持たなくても社会生活が過ごせないわけではない。つまり、何らかの影響を受けざるを得ない層の人が増えることに関しては、これまで産業化が進むたびに指摘されてきたとおり、単純労働化が可能な業務は、確実に質的変化の波にさらされ、新たな業務に収斂されていく流れは、時代性と進化に伴う産物として継続されていく。

しかし、ＡＩ時代の到来は、これまでの進化の状況とは特段に様相が異なることは明白であり、単純労働云々の枠内ではとらえきれず、しかも、これまで主力産業だった分野にまで影響が及んでおり、多面的で質的な変化が派生する可能性の大きさは、他に類を見ないものになるだろう。しかも、その破壊的影響力が社会生活全般に波状攻撃をかけ、留まる所を知らぬげに、未知の環境への移行をダイナミックに誘導し始めている現実がある。果たしてこんな状況が、短期間のうちに浸透してしまうのか。あるいは、これまでのように時間をかけ徐々に受け入れられていくのか、もしくは、慎重論が当分優勢のまま進むのか。ともかく、これだけの質的大変化なのだから、とても「予定調和」的理解で済まされる問題ではなさそうだ。また、巷間を賑わしている諸説ふんぷんの話題や課題に、注視するのを怠ることはできないとしても、ここではあえて、将来の時点からＡＩ社会におけるいくつかの注目点を、俎上に挙げてみたい。

①情報価値の視点

ビッグデータという言葉が聞かれるようになったときも、当時は旧来の感覚からして、セミナーなどでも軽く聞き流してしまい、これほど短期間に飛躍的に注目されるようになることに、思いが至らなかった。それまで、情報とは、個々の企業が独自に利用価値を高めるのに欠かせない必要なツールとして、閉鎖的に組織内で活用する意識が支配的であった。しかし、登録メンバー数が億人単位まで拡大した巨大情報企業が誕生し、ネットワーク網が世界規模で拡散するにつれ、そこに連なる顧客情報が蓄積され分析されて、宝の山として活用できる環境が整ったことで、瞬く間に、情報・ビッグデータとして加工され付加価値を生み出すという、新たなビジネスが誕生し劇的変化をもたらした。

そのことは、すでに何回か触れてきたが、ともかく、ここまで情報の価値を高め、企業経営、否、社会活動全般になくてはならない有力ツールにまで落とし込んできた先見性は、脱帽に値する動きだろう。もちろん、根本にはマスセールを主眼にした手法であり、さらに、ビジネス意識の多様化への移行が、ここまで進んできたことの象徴ともいえよう。さらに、この視点を広げると、個の情報を集めることによる力と、あらゆることを情報としてとらえる環境が、整備されてきたことを裏づけている。同時に、コンピュータ性能の飛躍的向上による先進性が、情報を一つの資源・価値に変える役割に変転させた読みは、ビジネスリーダーとしての評価を瞬く間に定着させ受け入れさせてしまった。ここがＡＩの原点にも関係するものであり、ともかく、エポックメーキングな現象を巻き起こす出発点になったと、理解することができる。

ここで寄り道して、物理学者が考える情報とは、生命を情報として捕捉する考え方がある一方、その考え方のベースにあるのは、生命誕生の起源を探る研究に遡り、生命とは、細胞の働きがあって維持されており、そのためには、細胞相互の連携活動やネットワーク体制に電子機能の働きが加わり、作用しているとする考え方に立脚している。そんな流れを情報として分析し、価値を生み出そうとする取り組みである。以下に、その一部を紹介しておこう。

生命とは、一つは複雑な化学的機構、豊かで精巧な化学反応のネットワークである。もう一つは情報に関するもので、情報は単に遺伝子にそのまま保存されているだけでなく、生体の中を駆け巡り、生体物質に行き渡って独自の秩序を与える。したがって、生命は、化学と情報に関する、たえず移り行く二つのパターンの融合体といえる。生物の情報は生命のソフトウエアである（『生物の中の悪魔』ポール・デイヴィス著、水谷淳訳、ＳＢクリエイティブ）。たしかに、一般的に使われている経済活動を中心にした情報というとらえ方を拡大解釈し、人の生命活動までを情報として表現する手法であり、分野を問わず認識パターンを同じくすることで、生命や細胞の働きまで理解を深めることができる利点と考えられる。もっとも、細胞の動きに支えられている人間活動は、もっとどろどろとした実態であるだけに、これほど体系的な動きに収束できるわけでもなく、しかも、人工的要因にも左右されるため、自作自演による混雑ぶりも考慮に入れなければならず、あえて対比するには何かと無理がありそうだ。

さて、AI社会の到来に関する最初の要点として、しゃべるロボットについて取り上げたい。しゃべるAIとは、人工知能ロボットに代表される機能であり、そもそものロボットとは、先駆的なホンダのASIMOのような人と同じように動作することから始まっている。やがて、簡単な接遇や癒し系の相手として、また、工場でのオートメーションから重労働や人手を必要とする作業代行へと次第に進歩を重ね、現在では、受付業務や一人暮らしの高齢者などと簡単な会話ができるものまで、すそ野は急速に拡大している。その中で、先端争いしている代表的な例が、AmazonのAlexaやAppleのSiri、GoogleのAssistantなどがある。ロボットを認識させ印象づけるには、人と同じような動きができることと、会話ができることに注視するのは、ヒトとの行動に欠かせない注目点であり効果点でもあるだけに、先陣争いのための必然的な狙いであることが理解できる。

とくに、人に近い会話ができることが、基本的要素でもあるだけに、広い範囲で活用が期待でき、その分、技術進歩の進捗状態により、受け止め方や認識は大きく変わらざるを得なくなるだろう。ロボット側にしても、まさにロボット人間としての存在意識が大幅に向上し、活動範囲も格段に拡大していく。すると、将来、究極のロボットが、最終的に人間社会の中で暮ららすことになり、居住権の確保や肝心のエネルギーの補給態勢など、各種の関連課題が必然的に派生し、それらを解決することで影響力が倍増し定着度を高めていく。実際には、遠い将来の話になるにしても、成長のスピードがさらに速くなることを想定すると、日常的に、ロボット人間と行き交う時代がやってくることも、意識しなければならなくなる。そのときは、まさに、人は動天驚地の感覚に陥ることだろう。もっとも、年々深化するロボットとつき合う時間の経過とともに日常化し、積み上げられていく成果であるだけに、実現したとしても、それほどの驚きにはならないのかもしれない。

ともかく、ＧＡＦＡグループを中心に激烈な開発競争が進められ、会話の中身も年ごとに向上しているのは、言葉を話す相手が、どんな形であれ人間社会に加わるのだから、本質のところでは穏やかではいられない。それだけに、成果と機能の高度化を目指して、各社とも火花を散らすことは、自然の成り行きといえるだろう。しかも、性能が上がれば上がるほど、喜びと同時に、身を削がれるような感覚をもつ場面も出てくるのは避けられない。それでも、自分の言葉で喋る人間と知能ロボットとの限界は簡単には埋めることはできず、規制されながら選択肢も革新され続け、ＡＩ知能開発の最先端を走り続けることは、間違いないだろう。ヒトの作業や高度なコンピュータ処理を代行し、やがて心的側面までもフォローできるまでに成長したとき、環境は一変してしまう。しかも、動作も人間並みになり、自己学習能力まで身に着けるまでに成長したならば、ヒトはロボット開発者でありながら、役割分担を受け入れざるを得なくなる人間社会との立場は、どう変転していくだろうか。そして、遠い将来、主導権まで奪われ、争いが始まることも想定しなければならないのだろうか。もちろん、大多数の意見は否定的であるだけに、不透明感の解消は容易ではない。

さらに、人間社会にも各種の言語があるように、ロボット特有の言語が生まれ、しかも、それぞれ異なる言語までも誕生となると、ますます混乱が大きくなる可能性も考えられ、統制が取れなくなることはないだろうか。そのうえ、ロボットが活動するエネルギー源も、新技法で自分たちに供給できるようになれば、もはや、人間社会と酷似することは避けられない。さらに、情緒面まで理解できるようになったら、正に、生きている人間ロボットと同じではないか。ただ、そこまで進化することはないにしても、ハイテク分野の進歩も限界がないことから推測して、決して侮ることはできず、人間社会も心して対処するよう、知恵を絞り続けなければならない。いずれは、人間社会に対する規制が、ロボットの出現で変化するという、巡り合わせのときがくるのかもしれないのだ。

もしも、人とロボットとの垣根が取り外されるときがやってきたら、人間という呼び方自体が変わる可能性も出てくる。そのころは、地球環境も予想外の姿に代わり、穏やかな表情を見せてくれているだろうか。それとも、姿を変えるほどに変貌しているのだろうか。そのとき、人間社会の驕りも傲慢さも消え、自作自演の世界に埋没していく定めとして、素直に受け入れているのか予断は留め置くことにしよう。この点に関しては、世界は広いから、超知能ＡＩが出現したら何が起こるか。来るべき世界の姿と生命の究極の未来を考察するという世界的な研究グループの存在に目が離せない（『ＬＩＦＥ３・０』マックス・テグマーク著、水谷淳訳、紀伊國屋書店）。さすがに先端を走るアメリカだけに参考になる点が多いが、トップレベルの専門家の間でも、先行きに関する見解はさまざまであり、答えは据え置きということらしい。

②自然現象の視点

自然現象の変化に関するもので、これから30〜50年後、地球上における気温の上昇が引き起こす気象条件の変化は、このままの状態で推移したら、世界各地で大変な事態が発生し、大混乱を巻き起こすことは確実な情勢であると、各方面から激しく警鐘が鳴らされている。現在でも、年々、疑似的な事態が頻繁に発生している事例に直面して、一層懸念が深まっていることによる、偽りのない心境ではないか。そんな事態を避けるため、まず、二酸化炭素などによる地球温暖化、フロンガスによるオゾン層の破壊、有害廃棄物などの排出を抑制しなければならない。その元凶は、科学技術の発展や生活水準の向上、技術革命の寵児ともいえる自動車の発明であるが、その大量の車が地球上を走り回るのだから、たまったものじゃない。

どう考えても、化石燃料に頼っている以上、代わりの手段を見つけ出すしか防ぐ手立ては見当たらない。そこで、注目点であるバイオ燃料や電気と水素燃料などへの切り替えが急務となり、開発が急がれているが、それだけでは済まされず、将来的には、個人の所有にこだわらず各種ライドシェアや公的機関運営方式に切り替え、被害を最小限に抑えるようになるだろう。とくに、中国やインドなど、人口の多い都市での排気ガスなど公害問題解決は、容易ではない。とにかく、再生可能なエネルギーを求めて、世界的な大転換が求められていることに異論を挟む余地はなくなっている。明示的に新たなケースとしてタイミングよく重要な方向性を、新型コロナウイルス騒動が教えてくれている。

さらに、飛行機や火力発電の禁止なども選択肢に入ってくる。もちろん、家庭からのクーラーなど電気製品等も省エネルギー化は相当に進んではいるものの、製品の数の多さが難点であり、課題はそれほど解決されていない。ＥＵ諸国の中には、ガソリンを使用するため、反対意思を込め、国内飛行便には乗らない人も出でいるというから、環境問題に敏感になっている状況に賛成する若年層が、行動に移している事例も侮ってはいられない。解決策は、日常の行動と姿勢や意識などの積み上げによる意思表示に、意味があるのだから。

これまで、文明の利器として開発され重宝してきた多くの製品も、地球環境にとっては、悪玉コレステロールに代わりつつある事態への認識が、急速に高まっていることに注視したい。それでも、動物の中でも、とりわけ人間がほとんどの要因を作り出している責任を免れることはできそうにない。これらの問題に、ＡＩは将来どのように関わっていくのだろうか。もし一定基準値を超えた場合、警告を発することで未然に予防できるシステムを整備し、厳しい予防ネットワーク網の確立と、自然環境を擁護し、エコロジー循環システムが順調に機能し、地球環境全体の維持と生物にとって理想的活動が促進されるようになれば、それなりの成果が期待できるだろう。それには、空からのＧＰＳを高度に活用し、数値までチェックできるようになれば、相応の対応が可能になるのではないか。簡単ではないが、宇宙からの交通制限が始まるのは必至である。

しかし、多種多様な生物が活動することで、廃棄物が必ず排出されるだけに、完璧な成果を求めるのは、不可能に近いことはいうまでもない。たとえば、家庭生活から生ずる生活廃棄物の量たるや大変なものであり、食料品の消費量や生活関連物質、化学製品や電気製品などの原料となる物質の転換使用など、さまざまな工夫が求められる。新製品が増えるのではなく、必要とする物の数と量を減少させる製品づくりと、社会的仕組みを転換する時代が到来している。製品の循環的再利用が促進され、贅沢に物的満足を追い求める時代を終焉させ、地球上のゴミを減らす制度を徹底させなければならない。

もちろん、多様性や富裕度の違いなど、各層ごとの満足度を、どのようにして満たすことができるのか、困難な課題も浮上してくる。すべてが平等になることは、現実論として不可能に近い難しさを認識する事態に直面するだろう。しかし、精神的には産業革命以前のような自然環境重視のレベルを実現するため、ハイテク化され、省エネパターンの社会に移行することが浮上してくる。それだけ、地球環境の維持が生物にとっていかに重要であるか、常時、監視し、制約を受け入れ、避けることのできない循環的サイクルを守ること。しかも、満足度の高い生活環境を維持できる仕組み作りに邁進するしか、手立ては見えてこない。

気候変動といえば、このところの強風台風の影響を受けて、大きな樹木の葉が茶色に変色し、やがて落葉する事例をあちこちで見届けてきた。強風や記録的な大雨により、樹木の被害も、これまで経験したことのない気候変動による仕業と、直感的に結びつけてしまうのは、いささか早とちりなのかと感じながら。反面では、河川の氾濫による洪水被害が起きた地点では、低木の葉は茶色に変色しているのに、地面にはいつくばって生きている芝生などは、何ごともなかったかのごとく青々としている、雑草の逞しさに驚かされ感心させられた。弱い相手を攻め立てるのは簡単であっても、攻め込まれたときの耐久力を、環境破壊することなく守れる逞しさを、人間も身に着けるときがきているように感じられる。古代人のような、洞穴や地下での生活も環境面から考えると合理的一面もあり、それだけに、既成概念が崩れるときは、あらゆる事態に共通して些細で意外な要因が引き金になることもあるだけに、過去の事例も大いに活用する心構えが求められる。

ともかく、日々の暮らしに直接関係する、気候変動による精神的で実質的な影響度の大きさに、慎重にして細かな対応を積み上げる必要性を共有し、たとえ、困難な課題であることは充分認識したうえで、未来からの見取り図に基づく指針を、世界的に徹底させなければならない実態を、真摯に受け止める時代が満を持して待ち受けていることを、心して深く脳裏に刻み込んでおきたい。

③ 土壌と農漁業の視点

土壌と農漁業に関するもので、いくら勇んでみても、生物が生き残るためには、日々、食によるエネルギー補給が必須の条件であり、しかも、誰にとっても、健康促進とできるだけ良質で安価なものを、手軽に確保できる環境が望ましいことはいうまでもない。しかし、提供者側にとって、社会的制約条件を逸脱することなく、不特定多数の競争者とのせめぎ合いを乗り切り、支持を得られなければ存続できないのだから、実態はきれいごとでは済まされない厳しさから、逃げ出すことは許されない。しかも、時が進み、関連する物事の選択肢が増えれば増えるほど、先陣争いが激しくなり、少しでも有利な条件を確保する知恵と意思と体力、そこに地理的な条件や偶発的な幸・不幸などを織り交ぜ、生き残れる条件を確保しなければならない、厳しい競争環境が立ちふさがっている。しかも、見落とせないのは、少しでも栄養豊富で味のよい食べ物を確保したい永遠不滅のニーズに加え、選択肢の増加や贅沢品への嗜好も無視できず、そのうえ、価格対応も大いに関係する難しさを、解消しなければならない悩みが執拗につい て回る。マーケットにおける理想と現実の板ばさみ的ニーズは、時代は流れても形を変えて休むことを許そうとしない。

かつては、自然環境の恩恵を享受し、ミネラル豊富な土壌から育った有機食品が主体であった時代には問題にならなかった事柄が、人口増加や生活環境とニーズの多様化に応えるため、品質の向上と保存期間の延長など、多くの生産物は無機的商品の大量生産体制へ、無意識的に移行せざるを得なくなった側面も見逃せない。これも、時代のニーズに対応するには、生産側のビジネスライクな意識中心のもと推進され、コスト管理による制約をクリアできる味や栄養分の調整的生産を優先させ、旺盛な需要に応える選択肢として戦略的に考案されてきた、重要なパターンが見え隠れしている。それは人類が、身近な必要性を優先させ、経済性と競争関係の変化と環境汚染につながる道を、結果的に選択したことを意味しており、その是非が今日の重要な課題として問題化され、議論を巻き起こす要因につながっている。また、競争相手の数の多さや多様なニーズを誘引させせるためには、健康管理や環境保護よりも利益や持続性を優先せざるを得ない、人間社会の競争体質を擁護するシステムとして認知されてきた。残念ながら、この形態は、次第に形を変えつつ合理化され調整され、可能性が追求されてきたものの、双方の限界効用線を追い求め持続されていく越えがたいテーマでもある。

だが、図らずも、この選択肢は、もはや維持困難な課題に直面している。たとえば、30年後の農業水産物の生産形態は、どんな変化が起こっているのか考えてみたい。まず、重要的課題である農薬を、限りなく減らした、有機肥料による自然栽培が主力になっているはずである。中小規模になると、さらに自然農法に回帰し、土壌のもつ自然の力を活用した、有機栽培に移行しているだろう。このパターンこそ、自然のエコサイクルを尊重し、本来の循環型サイクルにつながっていく大切な流れとなる。それに伴い、農作物は太陽光を浴び、土壌は微生物の働きが活発になる。この土壌こそが栄養価が高く品質のよい作物を育て、ひいては、とくに人の健康管理を陰から支えてくれる、無言の助っ人として貢献してくれる力強い味方でもある。

それらの動きは、かつては産業の中心であった農業の数百年前の意識に戻ることであり、しかも、旺盛な農産物の需要を賄いきれる実態をも具現化し、これまで以上の役割を担うことが期待される構図になるだろう。しかも、生態系への影響に十分配慮したコンピュータ化と自然農法とがミックスされた精度の高い生産形態に、移行していることだろう。一方で、大規模農業の場合、完全にＡＩモードに突入し、無人の各種機械が自動で動き回り、作付けから収穫まで、そして出荷に至るすべての工程を担っていると考えられる。そこには、有機的微生物の活躍により土壌は健康であり、生産物も栄養価豊富で、健康志向はもとより、知的で働くエネルギー源としての知能ロボットが、深く関わっていることは間違いない流れでもある。地中の有機化を測定するセンサーが的確に判定を下し、作付け場所の効率的選定など、もろもろの役割を果たしているのではないか。

もちろん、自然農法は野菜ばかりではなく、畜産動物の育成にも大きく関わり、良質な牛乳や肉類の品質にも大きく寄与してくれること、請け合いだ。有機物豊富な土壌は、微生物の活動を容易にし、植物や樹木の生長をサポートする、重要な役割を担っている。落ち葉の役割や微生物という、強い援軍の援護も見逃すことはできない。人工的な土壌づくりも可能であるとしても、やはり自然の大地の力に任せるに越したことはない。樹木と生物とは二酸化炭素と酸素の相互供給により、強いきずなでつながっている。ただ、気候温暖化による気温の上昇などという、厳しい現状への対処が迫られている実態を、大幅に改善してくれるだろう。これらの動きは、将来、環境整備が相当部分整ったうえでの論点でもあるため、行き着く先は、産業分野の動向と意識転換とが大きく関係することは当然であり、それだけに、厳しい監視のまなざしが向けられることを、覚悟しなければならない。ただし、今日の情勢は、ＡＩ化が急速に進行することで、人だけでは対処できなくなっている現状から脱皮する重要な使命を帯びているため、順次ハイテク機器に強力サポートしてもらい、地球自体の健康体を持続させ、本来の自然中心の有機的生産活動体系に、回帰することを前提にしている。

補足的に、未来からの便りは、正しくはその時点にならなければ状況を見定めることはできないとはいえ、すでに人工による肉の生産が試験的に始まっていることからすると、30年後には、細胞培養による多くの食品が工場で生産される時代になっていることは間違いなさそうだ。生産するのに生身の動物は必要でなくなると、エコノミスト誌の予測もまんざら否定できない。もしそうなれば、世界の食糧事情は大幅に改善され、農畜産関係の劇的転換が可能になるだろう。その分、農地の使用面積の活用や、穀物飼料の大幅削減、砂漠のグリーン化対策として樹木の植林に力を注ぐことができるようになり、エコロジー循環の輪を広げられるサイクルが定着していると思われる。

残念なことに、人類の英知を集め、長年にわたりこれだけ入れ込んできた生産活動体系はもちろん、日々の生活パターンを維持することの困難さは、はびこる格差や貧困、過剰競争を修正する決定的解決策を見つけ出すため、人智だけでは困難になっている。そのため、ここでは人工知能の出番を歓迎し、人の世界を合理的にサポートする方向に進むことが期待される。海を泳いでいるはずの、魚介類の回遊や自由度まで奪い、供給を増やそうとしている養殖パターンも、陸上での生産も視野に入っているとはいえ、同様に発展的見直しが必要になるだろう。空気と水と土壌と微生物、そして樹木の循環パターンこそ、生物そして人類が遠い将来まで生き残るためには、ＡＩ中心のダイナミックで相転移のような展開が必要であることを、明確に告げる理想的システムが構築され、移行していることだろう。

ともかく、自然中心のエコロジーサイクルが、大事な食料品分野をベースにしてスムーズに展開することにより、動植物に対しても明るい日差しが戻ってくることを確信したい。人類の行き着く先も、これらの点が解決しないことには、これ以上の豊かさや満足度を維持できなくなるだろう。そのとき、企業形態も同様に大きな変化を余儀なくされ、新たな組織形態、もしくはフラットで枠組みにとらわれない形に進化していることだろう。

④ 医療改革の視点

人生百年時代への呼びかけが、頻繁に飛び交っているように、このところの健康問題に対する意識は高まるばかり。誰もが、この世に生を受けた以上、長生きしたいと願う気持ちに変わりがなく、同時に、医療研究の著しい進歩により、体内構造と細菌や細胞の働き、主要な臓器の役割等について、細部まで掌握できる環境が、急テンポで整ってきた。そこに、医療技術の発展や強力なサポーターであるＡＩ技術の活用などにより情報がストックされ、先端医療分野の進歩は、目覚ましいものがある。この先、医師と医療ロボットとの役割分担はどこまで進化していくのか、その期待の大きさに少しも目が離せない。そして、つい最近まで、生活に関わる分野にロボットが進出することだけでも驚きであったのに、今や、医療ロボットの必要性が欠かせなくなるほどの、逆転現象があちこちで派生している実態に、否が応でも期待が高まるばかりといえよう。生命を維持する上で、一番先端であるはずの医療分野に、変化の波がこれほど急速に押し寄せるとは、少し前までは、誰もが予想できなかった。

高度な外科手術に、アームロボットの活躍が欠かせなくなっていることが象徴しているように、医療機器のハイテク化に対応できる技術進歩も、日進月歩を思わせるような進展ぶりではないだろうか。もちろん、全面的な自動化への移行がただちに広範囲に浸透していくのは、時間を要するのはともかくとして、世界的な技術開発競争が激しく展開され、新たな医療技術が医療現場に、迅速に導入されているのは間違いなさそうだ。それでも、人が存在する以上、疾病に関する未知な課題は尽きることなく発生し、しかも、すべての症状には個別対応が原則であるところに、万能な解決策を求める困難さを象徴している。

また、人工物と異なり、生身の相手が対象であり、しかも、新しい攻撃相手に常時対処しなければならず、必然的に、その時々のベターと思われる手段で、診療を求められるところに、悩みがつきまとい困難さから解放されることはない。また、このたびの新型コロナウイルスによる影響力の大きさは、近年では特出した事態であるように、人類を脅かす新たなウイルスの攻撃に備える必要性が鮮明になり、その対策は停滞が許されず、むしろ高度で強力になることが予想されるだけに、新たな対応策が国際的協調により進展していくだろう。また、社会活動全般に、かつてないインパクトをもたらした事態の変化を、誰もが敏感に感じ取っている象徴的ケースといえよう。

そのことは当然として、30年後の医療技術の姿は期待以上の飛躍的成果を残しているのは間違いなく、注目の延命治療などの応用から、同時に神の手と呼ばれるスーパードクターのノウハウが、各種ロボットに転移され、さらに多くの命が救われているのは確実ではないか。そして、ロボット自身も学習し、スキルアップすることが可能になり、現在の高額医療費の問題も、また、技術水準の維持問題が解決され、医師の役割も変化し、難病への対策や予防医療や救命医療などの比重が高まる環境が、整備されていると考えられる。同時に、細胞の働きや増殖技術、医療知識の高度化も大幅に前進しているのは、間違いないだろう。また、一人でも多くの人が、診察する機会に恵まれるよう、ネットワーク医療が大幅に浸透し、僻地医療など尊い命を救う環境が整っていく。また、遺伝子の組み換えや再生医療が主役となり、再生臓器や高齢者対策による長寿命化が進み、新たな高齢化社会（難病や認知症対策など）が実現していると考えられる。それだけ、自動化医療技術が大幅に改革され、人との役割分担が着実に変化し、その分、高度化された医療体制が身近になっていると信じたい。

ただ、世界的な人口増加は続くものの、むしろ減少し始めている国もあるとおり、結果的に、適切と思われる人口水準に収まる期待もでてくる。医療費の高額化と増大は、各国とも深刻であり、それらの点からも、人だけが増えすぎることへの反省にもつながっている。また、地球環境を維持する上で、適正なエネルギー使用量や排気ガス量の抑制、食糧問題や生産体制などは、人口が多ければ必然的に増え、その分、医療分野への期待値は飽くことなく続くため、科学技術がいくら向上しても追いつけないジレンマから逃れられず、連鎖反応は持続する。しかも、医療問題は、健康というテーマから離れられず、常時、患者と相対し処置する職務だけに、双方の葛藤は留まることがない宿命から逃避できず、重い役割を負わされ続けていることに変わりがない。ただし、職務の質的転換が相当に進み、医療分野の形態も激しく進展し、変化の波に取り込まれているといえよう。

それだけに、これからは、個人が簡単な医療処置ができる可能性が増えるとしても、命を扱う医療分野の重要性は質的高度化につながり、個々人の精神的要因までも汲み取り、そこに高度医療技術が総合的に組み込まれ、細かな個別対応を可能にする方向に進むものと考えられる。ただ、課題になるのは、自動ロボットの技術水準が飛躍的にレベルアップされたとしても、患者の心理的側面まで読み取ることが可能になるときがくるのか、また、瞬間的な個別対応までできるようになるのか、期待と不安の交錯は持続される。もう一つの懸念は、高度医療が進むと、膨大な数の細胞個々の働きまで読み取る方向に進むのだろうか。

また、知能ロボットが、患者の瞬間的に変化する精神状態まで汲み取り、対応できるようになったとしたら、人の出番が少なくなり、棲み分けにより医師不足が解消され、迅速な対応が可能になり、新たな方向性が見いだせるのではないか。ただ、そんな微妙で重大な分野にまで人工ロボットが進出してきたら、医師はどんな心理状態で受け入れるのか、紆余曲折のあるデリケートな問題でもある。

もちろん、これは、医療だけではなく、社会生活全般に関わる問題なのだから、まさにロボット対人間の関係としてとらえなければ、正解は見えてこない。遠い将来、人工人間ロボットと人との融合の時代がくるとしたら、さすがに、映画の場面で見るのとは比較にならない、緊張感と不安が醸し出され、ときにパニック状態に陥ってしまうこともあるだろう。それは、何世紀も先の話なのか、実現不能なのかはともかくとして、過去の経験からは、どのような進化も全体の環境そのものが変化し定着し慣れてくれれば、それなりに受け入れられるのが通例であるから、時間が解決してくれる課題として受け止めておきたい。でなければ、双方にとって不幸であり、人智と人工知能機能が得意とする分野を的確に見定めながら、役割分担していくのが賢明であり、近未来までそれしか解決方法は見当たりそうにない。いずれにせよ、前向きな模索が続き、進化の新しいパターンとして定着し、しかも、医療そのものが日常生活において身近な存在となる方向性が見えてくる。

⑤ 経済活動の視点

企業組織を主体にした生産活動は、医療機関が人の命を守ることに専念するのに対し、無数ともいえる限界のない物的生産機能が相手であるという違いがある。それだけに、生産性や効率と収益、そして大量生産関係など、自動機器導入の可能性が、必然的に高くなってくる。もちろん、あらゆる分野の融合性は、年々高まることは防ぎようがなく、無人工場での遠隔操業やロボット生産など、これまでも先んじて導入が計られてきた。たとえば、地球の裏側から、鉱山の採掘現場における大型トラクターの無人遠隔操業などは、先駆けしている顕著な成功事例といえよう。工場の生産性も機械化による大量生産思想こそが、現在の形に大変革させた成果とともに、環境への負荷を増大させた、元凶といえるのではないか。しかし、もはやそのことを乗り越えた無人化やロボット生産を通じて、環境保護への対策や健康被害を減少させ、資源の有効活用と生態系を守るための最先端を担うチャンスに直面していることは、ここまで通り過ぎてきた諸側面から十分、推測できるように、誰の目にも明らかな現象といえよう。

経済成長なくしてあらゆる生産活動の発展はないとする意見も聞かれるが、今では、その言葉自体が誤解を生む要因として受け止められ、それに加えて、競争なくして人生そのものの存在意義も考えられないとする、闘争型の思考が加味されると、相変わらず他者を踏み台にしても勝ち残る意識ばかりが先行し、危険性を危惧する発言の否定につながっていく。それでは、ここまで何回か指摘してきたように、過去の大きな過失の反省点を顧みず、今後に求められる進歩も発展の意味づけも見失うことと同じである。しかし、現在は、およそ300年にわたり、そんな過ちを増幅してきた現状から脱皮するチャンス到来であり、新たな次元に挑戦するドラスティックな幕開けであり、迫り来る環境変化に対処し豊かな社会を構築する絶好の機会到来と、能動的に受け止めたいものだ。

その意味で、高知能ＡＩ時代の到来は、これまでの科学技術の成果の上に構築されるものであるといえよう。すなわち、人間の知性と情緒的特性やコミュニケーション力など特有の能力に加え、人工知能の記憶力や大量情報処理能力と分析力など、強力な武器を生かし、夢と希望に満ちた新感覚の環境社会の創造という、これまでにない新規パターンへの試みが始まっている。そこに欠かせないのは、大切な自然エネルギー消費量を減少させ、再生可能なエネルギー消費へと転換し、また、万全な環境対策を推進し、宇宙環境から自然環境のもつ偉大な循環環境パワーに依拠する態勢に回帰する重大な転換点である、と勇気をもってハイレベルな認識を実行に移す意思が強く求められている。

同時に、これらの事態を実現に導いてくれる、強力なエンジンなのだと解釈したい。とくに、社会生活を支える生産活動の転換こそ、影響力が大きいため不安要因が強く、ここにメスを入れ心理的不安を払しょくし、成功に導く青写真を明確に提示する必要が求められる。ほとんどの人がＡＩ化により仕事を奪われてしまう不安や、もしかして、ロボットに人間が支配されるようになるだろうなどの声が聞こえてくるたびに、心理的不安が増幅する懸念が拡大し、疑心暗鬼な気分に陥らせてはならない。確かに、たとえば金融機関の行く末は、これまでの独占的で主導的立場から、フィンテック（Fintech）と呼ばれるキャシュレス社会の到来により大幅な機能転換が予測され、業務提携や新規事業への進出など動きが慌ただしくなっているケースを一例として受け止めることができる。また、既得権や独占市場に対する、開放圧力の波が交錯するこれまでに経験したことのない環境転換への動きを、止めることはできない。

もちろん、その他の分野でも、変革の波をのんびり眺めている余裕はなく、同じ流れの中で工夫努力を求められることに、何ら変わりがない。もちろん、社会全体に変化の波が押し寄せているのだから、対処方法や行動基準さえも変えざるを得なくなる事態が、等しく待ち受けているのは当然なことでもある。ただ、大企業の場合は、先端的コンピュータの導入やロボット活用により競争力を高め、今まで以上に能動的で有益な成果に結びつける努力なしには、グローバルな競争には太刀打ちできなくなるのは、過去の多くの経験や事態の推移が教えてくれている。ただ、今後は、その根底が覆され、拡大競争や利益至上主義とは一線を画し、自然環境との調和を大切にし、ゆとりのある成長を指向する行動が求められるだろう。しかも、エネルギーロスを少なくする立場からすると、輸送費用の削減と資源の無駄遣いなどを低減させるためには、立地主義に立ち返り、現地生産による有用性を追求するビジネスモデルが、見直される時がやってきている。まさに地域経済主義の到来でもある。もちろん、その立役者となるのは、汎用人工知能であるのと同時に、トータルシステムとして活用されることで方向性と可能性が垣間見えてくる。

しかも、コロナ騒動が招き寄せてくれたテレワーク化の流れが、現実の対応策として加速化され、ビジネスモデルを大幅に転換させる予想外の展開に目が離せなくなってきた状況は、不幸中の幸いといえるだろう。産業活動の形が幾重にも波打ち、それぞれ独自のスタイルを模索するパターンが定着する、大きなショックを派生させ、新たな予兆の時代に突入するチャンスが図らずも巡ってきた。

ともかく、先にも触れたように、人とハイテク化・人工ロボットとの間に循環性の関係が生まれ、そのために、ときには人が支配されかねない状態に移行していくことも考えられる。すると、双方の間に不満が高まるのは必至であり、これまで、人間が他の動植物をコントロールしてきたような、逆転の力関係が生まれるときがやってくるのではないか。そのような不安を解消させ新たな方向に進むためには、トータルな制約条項や技術面の規制などを細かに制定し、万全な対策を先行させ混乱を防がなくてはならない。それでも、ＡＩ化へのスピードの速さと環境対応は予想以上に進展していくことは必至であり、綿密な事前対策を急ぐしか対処策は見えてこない。

これまでの経済活動に取り組む思想が大幅に塗り替えられ、必要なものが必要量だけ生産され、無駄を省きエネルギーロスを最小限に抑え、さらに、ＥＵのようなブロック単位や、さらに小さな地域単位による経済活動を促す方向性が見えてくる。そのため、格差の縮小と流通の効率化など、ハイテク技術を駆使したシステムの国際的なネットワーク化で対処し、最終的にはグローバルな一元管理も可能な体制が必要になるだろう。しかも大事なことは、計画経済によるコントロール形式ではなく、イノベーションの継続や競争原理は奨励され、しかも枠組みに押し込むことなく無駄を抑制できる態勢が、維持されていること。その詳細は、ハイテクコンピュータが明確な答えを提示してくれるだろう。地球が破滅する前にそんなシステムが定着していると信じたい。

この流れは、最終的には、人類が積み上げてきた成果に基づく連続的プロセスであると認識し、近未来への序曲であると、冷静に受け止める姿勢が求められる。ローマは一日にしてならずの未来版だろうか。そんな生易しものではないのかも知れないが、ともかく、変化の足音は、かつてない音色であることだけは、確かといえるだろう。しかも、その力は、個の参加に伴うネットワークパワーが発信源であるところに、新鮮味と時代的環境変化の動向を汲み取ることができると理解したい。

おわりに

物事には、自然原理や物理法則に基づくことはともかくとして、必ず始めがあって終わりがあり物語があるからこそ、人生を楽しくさせてくれる。とりわけ、生物にとって生命活動の実態像が明確な事例となって提示されると、一層興味をかきたてられる。もちろん、無酸素状態でも生きることができ、また、太陽光が届かなくても命をつないでいる生物が存在するなど、その謎の多さと意外性や多様性には、驚かされることが多く圧倒されるばかり。その点を人にあてはめ常識論で覗いてみたとき、各種の物事に取り組んできた結果が、有終の美を飾ることができれば、幸せな気分にさせてくれるが、そうでなければ、捲土重来(けんどちょうらい)を期して再挑戦し、懸命に努力し続ける取り組みが、重要な意味をもってくる。何ごとも挑戦しないことには、状況変化を引き出す動きにはつながらず、後悔先に立たずの思いだけが、残ってしまうのは残念である。もちろん、生き方は人それぞれなのだから、他人の真似をする必要もなく、自分が選んだ道を進むのが、満足度を得られる確率は高くなり、自己責任として納得できる答えを引き出してくれる。とにかく、下手の横好きでも構わない、実行することに意義があるのだから、誰にも遠慮することなく、踏み出すしか物事は少しも進展しない。

たとえば、絵が得意であれば画家を目指し、文章が得意であれば著述業を目指すのも、夢ではないだろう。パソコンが得意であれば自宅を拠点にしてその手の関連事業を始めてみる、という楽しみもあるのではないだろうか。この分野の広がりは、予測困難なほど可能性を秘めている。農業に興味があれば、今はやりの無農薬野菜の栽培に取り組み、地域のベジタリアンとの輪を広げることや、レストランと取引するなど、可能性と実益につながる有意義な仕事になるだろう。とくにこの分野は、環境派の人には適しているのではないだろうか。改めて有望な分野として、若い層からの盛り上がりを、大いに期待したいものだ。また、大事な林業再生プロジェクトが、部分的に始まっているのも心強い。

ところで、事の中身は違っても、経済の動脈を担っている経営経済に関しては、個人経営から大企業まで、対象となるケースが多すぎて、個々に模範解答を求めること自体、それほどの意味をもたない不確定要因が、常につきまとっている。それなのに、一括してその時々の状況報告のようなデータに振り回されたりするから、可能な限り多種多様な情報と比較して判断する癖をつけ、一般論に振り回され結論を誤らないよう、注意したいものだ。また、会社の業績なども、万全な成果をひたすら求めるのではなく、最善を尽くして得られた結果であるならば納得するか、もしくは、同じ過ちを繰り返さないため反省点を生かし、一層の努力を積み上げることで、次なる可能性の道を探りたい。

もはや、利益や規模や名声などを追い求めるのではなく、誠意ある努力の結果としての、本来の狙いを実現し、取引先の支持を得られるよう、尽力することに尽きるだろう。だが、日々経営環境は変化するため、理想ばかり気にしていたら、足元が定まらず、まともに事業展開ができなくなるおそれが出てくる。そのためには、独自路線や他社にはない製品開発に注力するなどして、特色をアピールすることで乗り切るしか、それなりの答えは見えてこない。しかし、そのこと自体も簡単でなく、精一杯の努力と消費ニーズを追い求め、商品の質を落とさず安定供給に努めることで、ユーザーの信頼確保に結びつけられれば、結果的に期待以上の反響が返ってくる。大事なことは、利用者との共通目線で必要な商品を提供する姿勢を忘れず持続的に打ち出すことで、その成果は必ず報われるときがやってくると強く信じれば、相互の信頼関係が醸成されていくと確信したい。

ＡＩ時代は、生産者と消費者との距離をなくし、常に同等の立場で安心して取引ができる態勢を維持することを、可能にしてくれる。また、ＩＴ化が進むことで、無駄が省け業務効率アップに伴いコストダウンにつながり、相対的な生産性が向上し、その分、可能性の枠組みが、拡大することに期待したい。さらに、自然環境との調和にも貢献でき、動植物との共生など、課題になっている多くの問題点の解決などにも、明るい兆しが見えてくるだろう。もちろん、経済活動の効率アップだけが目標ではなく、社会生活も豊かになり、社会全体が明るく公明正大な環境へと移行できる、そのスタート台であってほしい。でなければ、人工知能時代に移行する意義と日常対応の有意味さを、見失うことになってしまう。そうならないために、個人として企業人として、可能な限り平常心で対応できるよう、少し気取って表現すれば、不断の心構えを継続的に磨くことではないだろうか。

突然に降りかかった新型コロナウイルスの衝撃は、百数十カ国以上も駆けずり回っていることから、多くの事柄を再認識する良い機会になっている。だが、人類に対するウイルスの攻撃は、いつどこからやってくるか予測もつかない怖さがある。しかも、今回のケースは、経済優先思想に反省を促し、さらには、資本主義体制への警告にもつながっていく。いろいろの意味を含めて、反省の機会を与えられたと思わずにはいられない。

そして、社会全体の大切な眼目である、個のもつ能力を最大限活用する基本姿勢に立ち返り、新たな暦史が粛々と刻まれていく流れに期待したい。

最後に、独自の哲学をもち、誰にでも貴重な出版の機会を提供されている日本地域社会研究所の落合英秋社長、そしてスタッフの方がたに感謝してまとめにしたい。

野澤宗二郎

2021年4月30日

著者紹介

野澤 宗二郎（のざわ・しゅうじろう）

　主として企業の教育訓練計画や講座開発と運営、ならびに研修会講師などを務め、大学・大学院で経営経済関連の教育に携わる。著書に『経営管理のエッセンス』（学文社）、『まんだら経営』『複雑性マネジメントとイノベーション』『スマート経営のすすめ』『次代を拓く！ エコビジネスモデル』（以上、日本地域社会研究所）、共著に『販売促進策』（日本法令）などがある。

共生の経営マインド

2021年8月12日　第1刷発行

著　者　野澤宗二郎
発行者　落合英秋
発行所　株式会社 日本地域社会研究所
〒167-0043　東京都杉並区上荻1-25-1
TEL　(03) 5397-1231 (代表)
FAX　(03) 5397-1237
メールアドレス　tps@n-chiken.com
ホームページ　http://www.n-chiken.com
郵便振替口座　00150-1-41143
印刷所　中央精版印刷株式会社

ISBN978-4-89022-280-3

日本地域社会研究所の好評図書

億万長者も夢じゃない！
知識・知恵・素敵なアイデアをお金にする教科書

中本繁実著…あなたのアイデアが莫大な利益を生むかも……。発想法、作品の作り方、アイデアを保護する知的財産権の取り方までをやさしく解説。発明・アイデア・特許に関する疑問の答えがここにある。

46判180頁／1680円

AI新時代を生き抜くコミュニケーション術

大村亮介編著…世の中のAI化がすすむ今、営業・接客などの販売職、管理職をはじめ、学校や地域の活動など、さまざまな場所で役に立つコミュニケーション術をわかりやすく解説したテキストにもなる1冊。

46判157頁／1500円

誰でも発明家になれる！
できることをコツコツ積み重ねれば道は開く

中本繁実著…自分のアイデアやひらめきが発明品として認められ、製品になったら、それは最高なことである。誰にでも可能性は無限にある。発想力、創造力を磨いて、道をひらくための指南書。

46判216頁／1680円

人生遅咲きの時代　ニッポン長寿者列伝

久恒啓一編著…人生後半からひときわ輝きを放った81人の生き様は、新時代を生きる私たちに勇気を与えてくれる。長寿者から学ぶ「人生100年時代」の生き方読本。

46判246頁／2100円

現代医療の不都合な実態に迫る
患者本位の医療を確立するために

金屋隼斗著…高騰する医療費。競合する医療業界。増加する健康被害。国民の思いに寄り添えない医療の現実に正面から向き合い、現代医療の問題点を洗い出した渾身の書！

46判181頁／1500円

体験者が語る前立腺がんは怖くない

前立腺がん患者会編・中川恵一監修…ある日、突然、前立腺がんの宣告。頭に浮かぶのは仕事や家族のこと、そして治療法や治療費のこと。前立腺がんを働きながら治した普通の人たちの記録。

46判158頁／1280円

※表示価格はすべて本体価格です。別途、消費税が加算されます。